Acerca del IFPRI

El Instituto Internacional de Investigación sobre Políticas Alimentarias (IFPRI®) fue fundado en 1975 con el objeto de identificar y analizar estrategias y políticas alternativas, tanto nacionales como internacionales, destinadas a cubrir las necesidades alimentarias del mundo en desarrollo sobre una base sostenible y con especial énfasis en los países de ingreso bajo y en los grupos más pobres de dichos países. Si bien los esfuerzos de investigación están orientados al objetivo preciso de contribuir a la reducción del hambre y la malnutrición, los factores involucrados son muchos y muy diversos, requiriéndose el análisis de los procesos subyacentes y extendiéndose más allá del sector alimentario en su sentido estricto. El programa de investigación del Instituto refleja su colaboración a lo largo y ancho del planeta con gobiernos e instituciones públicas y privadas interesadas en aumentar la producción de alimentos y en mejorar la equidad de su distribución. Los resultados de investigación se divulgan entre responsables de la formulación de políticas, formadores de opinión, administradores, analistas de políticas, investigadores y otros actores interesados en la política alimentaria y agrícola nacional e internacional.

El IFPRI es miembro del Consorcio CGIAR.

2011 POLÍTICAS ALIMENTARIAS MUNDIALES INFORME

IFPRI®

INSTITUTO INTERNACIONAL DE INVESTIGACIÓN SOBRE POLÍTICAS ALIMENTARIAS

International Food Policy Research Institute
2033 K Street, NW
Washington, DC 20006-1002, USA
Teléfono: +1-202-862-5600
www.ifpri.org

ISBN: 978-0-89629-551-3

DOI: 10.2499/9780896295513

Traducido de la versión original inglesa: IFPRI (International Food Policy Research Institute). 2013. *2011 Global Food Policy Report*. Washington, D.C.

Cita correcta: IFPRI (Instituto Internacional de Investigación sobre Políticas Alimentarias). 2013. *Informe de Políticas Alimentarias Mundiales 2011*. Washington, D.C.

CRÉDITOS DE FOTOGRAFÍA

Imagen de la cubierta: © 2011 Tim Dirven/Panos
Imágenes de los capítulos: Página x © 2011 Tim Dirven/Panos; página 14 © 2011 G.M.B. Akash/Panos; página 24 © 2011 Sven Torfinn/Panos; página 38 © 2011 Patrick Brown/Panos; página 48 © 2008 Warren Clarke/Panos; página 54 © 2010 Jenny Matthews/Panos; página 62 © 2011 Sven Torfinn/Panos; página 68 © 2011 Zerihun Sewunet/ILRI; página 78 © 2011 Fernando Moleres/Panos.

Diseño de la cubierta: Julia Vivalo / Diseño y maquetación del libro: David Popham.

Índice

Prefacio

Desde 2007, se produjeron dos rondas de picos de los precios de los alimentos que han contribuido a que al hambre y la malnutrición de millones de personas. Los mismos factores que contribuyeron a la crisis de los precios de los alimentos de 2007-08 dispararon picos de precios similares en 2011; entre tales factores se incluyen la caída de la tasa de crecimiento agrícola, los altos precios de la energía que impulsan la expansión de la producción de biocombustibles, la depreciación del dólar estadounidense, una fuerte demanda de productos agrícolas por parte de las economías emergentes, y las crisis climáticas. Dada esta combinación de fuerzas complejas, resulta claro que las políticas alimentarias necesarias para garantizar que todas las personas tengan acceso a alimentos sanos, suficientes, nutritivos y cultivados de manera sostenible deben ir más allá de la producción agrícola tradicional. Por consiguiente, no resulta sorprendente que la demanda de investigación capaz de fundamentar con datos empíricos dichas políticas sea más alta que nunca, y el Instituto Internacional de Investigación sobre Políticas Alimentarias (IFPRI) produce bienes públicos mundiales para responder a esa necesidad.

El Informe de políticas alimentarias mundiales para el año 2011 del IFPRI, el primero de una nueva serie anual, proporciona una visión en profundidad y en el contexto de los principales desarrollos y sucesos relacionados con las políticas alimentarias del año pasado. El informe a la vez plantea y responde a estas preguntas clave: ¿Qué sucedió con las políticas alimentarias en 2011 y por qué? ¿Qué retos y oportunidades surgieron? ¿Qué se podría haber hecho de otro modo? ¿Qué debe hacerse en el futuro?

En 2011, la agricultura pasó a la delantera del programa internacional de desarrollo. La función esencial que desempeña la agricultura, no solo para producir alimentos adecuados, sino para mejorar la nutrición y la salud, utilizar la tierra y otros recursos naturales de manera sostenible y ayudar a abordar las amenazas mundiales tales como el cambio climático, ha recibido un reconocimiento largamente demorado. Las inversiones en el sector están aumentando, con contribuciones tanto de los países industrializados como de las economías emergentes y en desarrollo, el sector privado y entidades filantrópicas. Además de mayores inversiones, los diseñadores de políticas también ampliaron la colaboración transfronteriza, especialmente en sus esfuerzos por controlar la volatilidad de los precios de los alimentos por medio de un mejor suministro de información de mercado. Este tipo de diseño de políticas a nivel mundial debe continuar teniendo en cuenta que las leyes de un país (en particular, las políticas comerciales y ambientales relativas a los biocombustibles) pueden dañar la seguridad alimentaria en otros. Las reuniones en la que se establecen las agendas, como la Conferencia de las Naciones Unidas sobre el Desarrollo Sostenible, Río+20, de junio de 2012, no pueden dejar de lado las preocupaciones de los pobres. No obstante, tal como nos recuerda crudamente la crisis humanitaria en el Cuerno de África, los programas de investigación y el intercambio de información no son suficientes para evitar o resolver un problema; también se requieren medidas preventivas.

Los temas cubiertos en el Informe de políticas alimentarias mundiales para el año 2011 se seleccionaron tras numerosas consultas efectuadas por un consejo consultivo estratégico integrado por diseñadores de políticas, investigadores y otros expertos cuyo objetivo fue representar los temas de política alimentaria más profundos, pertinentes y de amplia aplicación que surgieron en 2011. El Consejo Directivo y el personal superior del IFPRI luego proporcionaron retroalimentación sobre temas principales de desarrollo e investigación, y se llevó a cabo un examen de los medios de comunicación pertinentes, tanto impresos como de radio y televisión difundidos en 2011. Finalmente, se solicitaron las opiniones de diseñadores de políticas y expertos en alimentación que son también líderes en su campo a nivel mundial, sobre cómo captar mejor las perspectivas nacionales y regionales.

Se encomendaron las contribuciones de expertos, especialistas e interesados sobre temas que representan ya sea un nuevo avance en política alimentaria, un cambio importante en política alimentaria o una nueva forma de enfocar un problema de política alimentaria. Los temas son de alcance regional o mundial e incluyen estudios de investigación de alta calidad así como opiniones de expertos, todos los cuales mejorarán la calidad del debate.

El Informe de políticas alimentarias mundiales para el año 2011 del IFPRI es el primero en su género. Espero que contribuya a enriquecer la agenda de investigación y así un apoyar la formulación de políticas alimentarias acertadas en beneficio de las personas más pobres y vulnerables del mundo. Agradezco de antemano sus opiniones, comentarios y sugerencias a la dirección de correo ifpri@cgiar.org.

SHENGGEN FAN
Director General

Agradecimientos

Este informe se preparó bajo el liderazgo general de Shenggen Fan y un equipo central integrado por Alexander J. Stein, Zhenya Karelina, Klaus von Grebmer, Rajul Pandya-Lorch y Gwendolyn Stansbury. Se benefició en gran medida con las visiones estratégicas de un comité de asesores, entre los que se incluyeron Robert Bos, Margaret Catley-Carlson, Marion Guillou, Monty Jones, Agnes M. Kalibata, Michiel A. Keyzer, Justin Y. Lin, Mari E. Pangestu, Martin Pineiro, Prabhu Pingali, Beatriz da Silveira Pinheiro, Keming Qian, M. S. Swaminathan, Eric Tollens, Rhoda Tumusiime, Joachim von Braun, Emorn Wasantwisut y Derek Yach. El Consejo Directivo del IFPRI proporcionó orientación y aportaciones adicionales, al igual que los miembros del Equipo de altos directivos del IFPRI.

Se recibieron excelentes contribuciones de texto y datos de Perrihan Al-Riffai, Kym Anderson, Suresh Babu, Ousmane Badiane, Nienke Beintema, Samuel Benin, Deborah Brautigam, Clemens Breisinger, Bruce Campbell, Rahul Chaturvedi, Kevin Chen, Cindy Cox, S. Mahendra Dev, Betina Dimaranan, Paul Dorosh, Olivier Ecker, Shenggen Fan, Heidi Fritschel, Sara Gustafson, Derek Headey, Jikun Huang, Kabba Joiner, P. K. Joshi, Suneetha Kadiyala, Zhenya Karelina, Jawoo Koo, David Laborde, Rachel Licker, Tsitsi Makombe, Sohail J. Malik, Paswel Marenya, Geraldo B. Martha Jr., John McDermott, Ruth Meinzen-Dick, Siwa Msangi, Gerald Nelson, Alejandro Nin Pratt, Ephraim Nkonya, Tolulope Olofinbiyi, Steven Were Omamo, Robert Paarlberg, Amanda Palazzo, Rajul Pandya-Lorch, Amber Peterman, Prabhu Pingali, Beatriz da Silveira Pinheiro, Nilam Prasai, Agnes Quisumbing, Jagdeesh Rao Puppala, Claudia Ringler, M. S. Swaminathan, Maria Theresa Tenorio, Peter Timmer, Maximo Torero, Klaus von Grebmer, Stanley Wood, Derek Yach, Sivan Yosef y Bingxin Yu.

Además, las siguientes personas formularon atentas declaraciones acerca de qué influyó en las políticas alimentarias en 2011: Bekele Geleta, José Graziano da Silva, Marion Guillou, Jeremy Hobbs, Michiel A. Keyzer, Rachel Kyte, Jiayang Li, Justin Yifu Lin, David Nabarro, Kanayo Nwanze, John Parker, Carlos Perez del Castillo, Keming Qian, Rajiv Shah, Josette Sheeran, Kathy Spahn, Eric Tollens, Joachim von Braun y Emorn Wasantwisut.

La producción de este informe fue liderada por el Departamento de publicaciones del IFPRI, integrado por Adrienne Chu, Patricia Fowlkes, Heidi Fritschel, Corinne Garber, Michael Go, Marcia MacNeil, Lucy McCoy, Andrea Pedolsky, David Popham, Ashley St. Thomas, Julia Vivalo y John Whitehead. Además, Joanna Brzeska, Zhenya Karelina, Tolulope Olofinbiyi y Ana Ramírez proporcionaron un valioso apoyo de investigación.

El informe se benefició en gran medida gracias a la atenta revisión entre pares efectuada por el Comité de examen de publicaciones del IFPRI, presidido por Gershon Feder, y a los numerosos especialistas y expertos anónimos que examinaron las investigaciones y formularon valiosas observaciones acerca de los borradores preliminares.

PANORAMA GENERAL

Principales avances en política alimentaria en 2011

Shenggen Fan, IFPRI

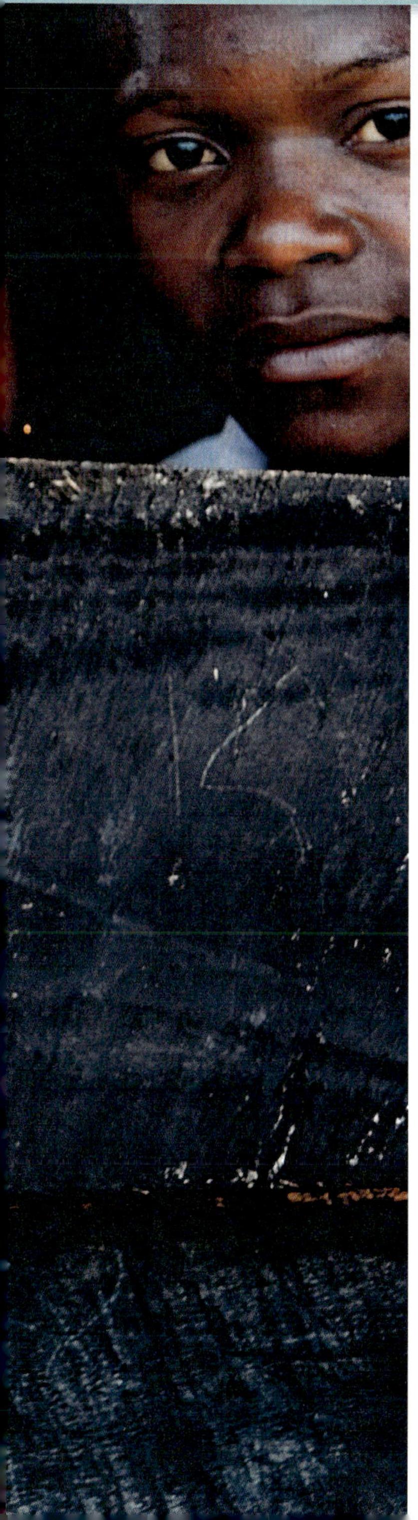

EL AÑO 2011 REMARCÓ LOS RETOS YA EXISTENTES para la seguridad alimentaria mundial: desde volatilidad de los precios de los alimentos, crisis climáticas extremas y hambruna, hasta disturbios y conflictos. En el ámbito de las políticas, los principales adelantos en los planos mundial y nacional ofrecieron motivos de aliento y señalaron esferas en las que se debe intensificar la acción.

Primero, la buena noticia: después de muchos años de abandono, la agricultura y la seguridad alimentaria ocupan nuevamente un lugar preponderante en las agendas de desarrollo y de políticas. Tanto China como la India continuaron aumentando sus gastos en seguridad alimentaria y producción agrícola. Alrededor de 20 países africanos han adoptado planes nacionales de inversión agrícola y de seguridad alimentaria con los que dedicarán el 10% de su presupuesto nacional a la agricultura para lograr un crecimiento agrícola del 6% anual. La Agencia de los Estados Unidos para el Desarrollo Internacional (USAID) avanzó con su Iniciativa *Feed the Future,* iniciada en 2010, y el Grupo del Banco Mundial mantuvo sus compromisos anuales, aumentados recientemente, respecto de la agricultura y los sectores relacionados, en alrededor de US$6.000 millones. El Grupo Consultivo para la Investigación Agrícola (CGIAR) —una asociación mundial para el desarrollo sostenible, de la que el IFPRI forma parte— inició en 2011 una variedad de programas de investigación amplios e innovadores. Y la Fundación de Bill y Melinda Gates actualizó su estrategia sobre agricultura, con un fuerte enfoque en el desarrollo agrícola en África Subsahariana y Asia Meridional.

En términos más amplios, la agricultura se consideró cada vez más como parte de un contexto más vasto. Resulta cada vez más claro que la agricultura contribuye no solo a la producción de alimentos sino también a la nutrición y la salud del ser humano, condiciones que a su vez pueden afectar la productividad agrícola y el crecimiento económico general. La agricultura también es un elemento importante en diversos otros sistemas vinculados entre sí. Tiene fuertes lazos con el agua, la tierra y la energía, que se encuentran, como la agricultura en sí misma, sujetas a una creciente presión. Y muchos de los sucesos de 2011 destacaron de qué manera la seguridad alimentaria —es decir, la disponibilidad y el acceso a alimentos suficientes, seguros y nutritivos para sostener una vida sana y activa— se vincula con otras nociones de seguridad. Estas incluyen la seguridad económica (relacionada con el empleo, los ingresos y el género), la seguridad sociopolítica (relacionada con la desigualdad, la gobernabilidad y los conflictos) y la seguridad ambiental (relacionada con los recursos naturales).

Las nuevas ideas han sido acompañadas por nuevos actores que ingresaron en el sistema alimentario mundial. En 2011, por primera vez, los ministros de agricultura de los países del Grupo de los 20 (G20) se reunieron y acordaron trabajar juntos para enfrentar la volatilidad de los precios de los alimentos y la inseguridad alimentaria. Las economías emergentes, tales como Brasil, China y la India han adquirido una voz cada vez más destacada en el proceso de adopción de decisiones a nivel internacional, pasando de ser receptores de ayuda a donantes de ayuda y socios comerciales, con sus propias agendas mundiales.

Este panorama general examina los principales adelantos logrados en 2011 en política alimentaria, basándose en gran medida en los capítulos de este informe, que analizan el año retrospectivamente y en detalle.

NIVELES Y VOLATILIDAD DE LOS PRECIOS DE LOS ALIMENTOS

Los precios globales de los alimentos aumentaron durante la primera mitad de 2011 y cayeron durante la segunda mitad del año. El índice de precios de los alimentos de la Organización de las Naciones Unidas para la Alimentación y la Agricultura, que es una medida de la variación mensual de los precios internacionales de una canasta de productos alimenticios, alcanzó un nivel récord en febrero, pero luego disminuyó de manera sostenida desde junio hasta diciembre, finalizando el año con un valor más bajo. Aun así, la volatilidad de los precios de los alimentos continuó siendo elevada en 2011.

Los factores que impulsaron el aumento de precios durante la crisis de precios de los alimentos de 2007-2008 entraron nuevamente en juego en la crisis de 2010-2011, incluyendo altos precios del petróleo, políticas sobre biocombustibles o biocarburantes que promueven la expansión de la producción de biocombustibles, mayores crisis relacionadas con el clima, como sequías e inundaciones, y una creciente demanda de las economías emergentes. Asimismo, el mundo continúa siendo vulnerable a los vaivenes de los precios debido a que las reservas de granos son extremadamente bajas y solamente unos pocos países exportan granos básicos. No obstante, la combinación de factores como cosechas favorables en las principales regiones productoras y un dólar estadounidense más fuerte, provocaron una caída en los precios en dólares durante la segunda mitad del año.

¿Qué significan el aumento o la volatilidad de los precios de los alimentos para los pobres? Los precios más altos de los alimentos pueden disminuir el presupuesto de los consumidores pobres, pero también podrían aumentar los ingresos de los productores pobres si estos producen más de lo que consumen. Los precios volátiles de los alimentos, no obstante, perjudican tanto a los consumidores como a los productores, aumentando la incertidumbre y haciendo que resulte más difícil para los hogares presupuestar el consumo de alimentos y planificar la producción. Sin embargo, resta aún mucho por aprender acerca de las repercusiones específicas de la volatilidad de los precios en las dietas de los pobres, en particular las mujeres y los niños. En Etiopía, por ejemplo, la investigación acerca de la crisis de los precios de los alimentos de 2007-2008 mostró que los hogares encabezados por mujeres eran especialmente vulnerables a las crisis de los precios de los alimentos[1].

Los movimientos de los precios de los alimentos estimularon nuevas políticas e iniciativas durante el año. Tal como se mencionó, los ministros de agricultura del G20 se reunieron para diseñar un plan de acción para reducir la volatilidad de los precios, regular los mercados de productos básicos y promover la productividad agrícola. Hacia fines del año, los países de la Asociación de Naciones de Asia Sudoriental, más China, Japón y Corea del Sur (conocidos en conjunto como la ASEAN+3) establecieron una reserva de arroz de emergencia para ayudar a garantizar la seguridad alimentaria a largo plazo en la región.

Algunas políticas nacionales tomadas en respuesta a los cambios en los precios de los alimentos pueden haber aumentado la tensión sobre el sistema alimentario mundial. Para aumentar los ingresos de los productores, el Gobierno de Tailandia, el exportador de arroz elaborado más grande del mundo, estableció un programa de subsidios para el arroz que amenazó con reducir sus exportaciones y contribuir al aumento de los precios globales del arroz, una tendencia que se observó en la segunda mitad del año. Varios países, incluido China, se volcaron a las grandes importaciones de granos para acumular reservas estratégicas, lo que aumentó la preocupación acerca de un endurecimiento del mercado de granos.

CRISIS NATURALES Y CAUSADAS POR EL SER HUMANO

En 2011, el mundo fue testigo de algunos de los desastres naturales más severos que se recuerden. El terremoto de 9.0 de magnitud y tsunami en el Japón, las graves inundaciones o tormentas en Brasil, Pakistán, Filipinas, Tailandia y los Estados Unidos, y la sequía en el Cuerno de África ocasionaron grandes pérdidas económicas durante el año. Según la Base de Datos Internacional sobre Desastres, se produjeron durante el año más de 200 desastres naturales, que afectaron a casi 100 millones de personas en todo el mundo[2]. Munich Re, una compañía reaseguradora de Alemania, calculó que los desastres naturales de 2011 ocasionaron pérdidas económicas por un valor récord de US$380.000 millones, más del doble que en 2010 y muy por encima de las pérdidas récord de 2005[3]. Las personas pobres y hambrientas son particularmente susceptibles a estas crisis naturales.

En el Cuerno de África, la severa sequía debido a temporadas consecutivas de lluvias escasas fue la peor que se experimentó en 60 años. Las condiciones de sequía extrema desencadenaron una difundida crisis en la región, que resultó especialmente catastrófica en Somalia. Muchas partes del Cuerno, especialmente las zonas bajas, sufrieron grandes pérdidas de cultivos, un importante agotamiento de recursos de pastoreo, precios de los alimentos siderales y una marcada mortalidad de ganado y humana. La nefasta situación atrajo una muy demorada atención política y de los medios, ya que se vieron afectadas más de 13 millones de personas, principalmente pastores y granjeros, cuya seguridad alimentaria y nutricional fue gravemente socavada. Los grupos vulnerables, tales como las mujeres y los niños, experimentaron inseguridad alimentaria y subnutrición agudas. El Fondo de las Naciones Unidas para la Infancia informó que más de 320.000 niños sufrían de malnutrición en el peor momento de la crisis.

Las sequías en el Cuerno de África no son una novedad, pero la escala de la crisis de 2010-2011 ha sido inusual. Si bien la exposición a las crisis naturales es inevitable, la vulnerabilidad humana ante estas crisis no lo es. Reducir la vulnerabilidad significa mejorar la capacidad de la sociedad para sobreponerse y aumentar la resiliencia en caso de futuras crisis. Considerando la gravedad de la sequía en el Cuerno de África y la frecuencia de las emergencias humanitarias en la región, se requiere un esfuerzo concertado para catalizar una transformación, combinando innovación, experimentación y compromiso político para mejorar la resiliencia y mitigar las tensiones crónicas que también impiden el progreso en la región.

CAMBIO CLIMÁTICO

Los sucesos climáticos récord que se registraron en 2011 sugirieron que el clima ejercerá una presión adicional sobre la agricultura mundial en las próximas décadas. Durante el año, se vieron más pruebas de que las emisiones de gases de efecto invernadero están aumentando y de que el cambio climático ya está afectando la productividad agrícola.

Los alentadores progresos logrados en las convenciones anuales sobre el clima en 2010 en Cancún y en 2011 en Durban ayudaron a abordar la desilusión que significó el fracaso de las negociaciones de 2009 en Copenhague, y permitieron obtener compromisos vinculantes, confiriendo un lugar más destacado a la agricultura en las negociaciones mundiales sobre el cambio climático. Uno de los resultados clave fue la creación de la Plataforma de Durban de Acción Mejorada. Esta plataforma, que incluye a todos los signatarios del Protocolo de Kyoto más los Estados Unidos, es un mecanismo para forjar un tratado antes de 2015, cuya meta será reunir a los países tanto desarrollados como en desarrollo en el marco de un acuerdo jurídicamente vinculante antes de 2020.

Fuera de las negociaciones formales, los países y las regiones están avanzando con sus propios esfuerzos para adaptarse al cambio climático y mitigarlo, a pesar de un clima macroeconómico difícil. China, la India y Kenya, por ejemplo, han emprendido importantes actividades de adaptación y mitigación agrícola. Los progresos logrados en los planos nacional y subnacional no deberían eclipsar el principio de responsabilidades comunes pero diferenciadas, consagrado en el texto de la Convención Marco de las Naciones Unidas sobre el Cambio Climático. Por el contrario, estas actividades nacionales y subnacionales podrían ser la base de un acuerdo multilateral vinculante para poner en práctica estrategias de desarrollo con bajas emisiones.

BIOCOMBUSTIBLES

Los cambios en las políticas sobre biocombustibles de 2011 estuvieron dominados por la Unión Europea, los Estados Unidos y Brasil. En los Estados Unidos, se promulgó la Biofuels Market Expansion Act (Ley de expansión del mercado de biocombustibles) de 2011, y el debate giró en torno a la necesidad de derogar o no el llamado Volumetric Ethanol Excise Tax Credit, un crédito fiscal al consumo de etanol mezclado con gasolina. Las investigaciones sugieren que este crédito impositivo, combinado con el mandato relativo a las mezclas de etanol, ocasiona pérdidas tanto de bienestar como de eficiencia[4]. Además, se lanzó la Mesa redonda sobre biocombustibles sostenibles, un mecanismo para certificar a los productores de biocombustibles que observan normas de bajo impacto ambiental y prácticas laborales justas. Esta certificación podría facilitar el cumplimiento de los reglamentos de la Unión Europea por parte de estos productores y proporcionar una "etiqueta verde" que podría brindarles una prima de precios a medida que se desarrolle más a fondo el mercado.

Los efectos ambientales de la producción de biocombustibles fueron un tema importante en las investigaciones de la Unión Europea durante 2011. Una de las preguntas centrales se relaciona con la producción de biocombustibles y el cambio indirecto en el uso de la tierra; es decir, si el creciente uso de la tierra para cultivos de biocombustibles conduce en última instancia a la conversión de tierras naturales en tierras de cultivo, disminuyendo la medida en que la producción de biocombustibles reduce las emisiones de carbono. A diciembre de 2011, la Unión Europea no había divulgado su informe sobre los efectos de los biocombustibles, pero una vez que las investigaciones brinden conclusiones y opciones de política más decisivas respecto de dichos efectos, la región podría avanzar con el ajuste de su Directiva de Energías Renovables.

Brasil, China y la India también han hecho avances y revisiones sustanciales en sus políticas sobre biocombustibles de una manera que podría tener un efecto sustancial en la seguridad alimentaria, tanto dentro como fuera de sus propias fronteras.

Finalmente, el desastre de 2011 en la planta nuclear Fukushima Daiichi en el Japón reavivó el debate sobre las posibles desventajas de la energía nuclear, y varios países están reduciendo su dependencia de la energía nuclear o eliminándola gradualmente por completo. Este debate puede hacer que los países se vuelquen hacia la bioenergía, que podría conducir a mayores aumentos de los precios globales de los alimentos.

MEDIDAS Y ACTIVIDADES DE POLÍTICAS ALIMENTARIAS EN 2011

FORO ECONÓMICO MUNDIAL SOBRE AGRICULTURA
Se presenta la "Nueva visión para la agricultura" en el Foro Económico Mundial en Suiza con el fin de promover soluciones basadas en el mercado para acelerar el crecimiento agrícola sostenible.
28 de enero

DOCUMENTO N° 1 DE CHINA
El Documento N° 1 de China se centra por octavo año consecutivo en la conservación del agua y la infraestructura de agua, debido a las sequías e inundaciones el año anterior.
29 de enero

CONFERENCIA SOBRE NUTRICIÓN/SALUD DEL IFPRI
Más de 1000 personas asisten a la conferencia organizada por el IFPRI, "Leveraging Agriculture for Improving Nutrition and Health" (Potenciar la agricultura para mejorar la nutrición y la salud), en Nueva Delhi, India.
10 - 12 de febrero

CUMBRE DEL FORO ÁFRICA/INDIA
En la segunda Cumbre del Foro África–India en Addis Abeba, Etiopía, "Enhancing Partnership, Shared Vision" (Mejorar las asociaciones, visión compartida), los líderes producen un marco para reforzar la cooperación entre los países de África y la India.
24–25 de mayo

SE REÚNEN MINISTROS DE AGRICULTURA DEL G20
La primera reunión de la historia de los ministros de agricultura del G20, en París, produce como resultado una propuesta para enfrentar la volatilidad de los precios de los alimentos y fortalecer la seguridad alimentaria.
22–23 de junio

ENE FEB MAR ABR MAY JUN

PICOS DEL ÍNDICE DE PRECIOS DE ALIMENTOS

238

FEBRERO DE 2011
pico más alto en la historia del FPI

El Índice de precios de los alimentos mide precios internacionales medios ponderados de productos alimenticios básicos. Los precios de 2002-2004 se establecieron en un nivel de referencia de 100.

Durante la mayor parte de 2011, los precios de los alimentos superaro el pico de 2008. Los precios cayeron por debajo del pico de 224 solamente en los últim tres meses.

EL NEXO ENTRE ALIMENTACIÓN Y AGRICULTURA

En un entorno mundial cada vez más intervinculado, los diseñadores de políticas han comenzado a reconocer más abiertamente los vínculos entre la agricultura y la nutrición, la salud, el agua y la energía.

El nexo entre la agricultura, la nutrición y la salud cobró preponderancia a principios de 2011 con una conferencia internacional, "Leveraging Agriculture for Improving Nutrition and Health" (Potenciar la agricultura para mejorar la nutrición y la salud), realizada en Nueva Delhi y organizada por el IFPRI y su Iniciativa Visión 2020. Esta conferencia inspiró y brindó apoyo a una variedad de iniciativas nuevas, que incluyen el lanzamiento de un importante programa de investigación del CGIAR denominado "Agricultura para mejorar la nutrición y la salud". Varios organismos de desarrollo, tales como USAID, con su Iniciativa Alimentar el Futuro (*Feed the Future*), y el Departamento de Desarrollo Internacional del Reino Unido, también comenzaron a diseñar o rediseñar sus programas para aprovechar más adecuadamente los vínculos entre la agricultura, la nutrición y la salud. Durante 2011, 24 países con altas tasas de subnutrición se unieron a la iniciativa Movimiento para el Fomento de la Nutrición (*Scaling up Nutrition*), en el que gobiernos, la sociedad civil, el sector privado, instituciones de investigación y las Naciones Unidas se aúnan para brindar apoyo a los países en sus esfuerzos

IA LEVANTA LA PROHIBICIÓN DE EXPORTACIÓN DE GRANOS
a elimina las prohibiciones de exportación de granos instauradas
io anterior después de que una parte importante de la cosecha
al fuera destruida por incendios naturales.
julio

LA ONU DECLARA HAMBRUNA EN SOMALIA
Naciones Unidas anuncia que la sequía en el Cuerno de África ha conducido a una pronunciada hambruna en zonas de Somalia.
20 de julio

LA ONU SE CENTRA EN LAS ENFERMEDADES NO TRANSMISIBLES
La primera Asamblea General de las Naciones Unidas sobre la prevención y el control de las enfermedades no transmisibles declara que se requiere un enfoque que abarque a todo el gobierno e incluya al sector agrícola.
19 -20 de septiembre

LA ONU SOBRE LA DEGRADACIÓN DE LA TIERRA
La Asamblea General de las Naciones Unidas hace un llamamiento a construir un mundo neutral en la degradación de la tierra, un objetivo que refleja el tema de la economía verde de la Conferencia sobre Desarrollo Sostenible Río+20 de las Naciones Unidas.
19 -20 de septiembre

RESERVA DE ARROZ DE LA ASEAN
Los ministros de la ASEAN (Asociación de Naciones del Sudeste Asiático) +3 avalan el establecimiento de un plan de reserva de arroz de emergencia.
7 de octubre

SEGURIDAD ALIMENTARIA/NUTRICIONAL EN ÁFRICA
El Día para la Seguridad Alimentaria y Nutricional en África se lleva a cabo por segunda vez y examina el tema "Inversión en el comercio dentro de África para la seguridad alimentaria y nutricional".
31 de octubre

CONFERENCIA DE BONN DE 2011 OBSERVA LA SEGURIDAD ALIMENTARIA
El gobierno alemán es anfitrión de la conferencia Bonn2011 sobre los vínculos del agua, la energía y la seguridad alimentaria en preparación de la Conferencia de las Naciones Unidas sobre el Desarrollo Sostenible Río+20.
16–18 de noviembre

ONU: ACUERDO SOBRE EL CAMBIO CLIMÁTICO
En la Conferencia de las Naciones Unidas sobre el Cambio Climático en Durban, Sudáfrica, los asistentes deciden adoptar un acuerdo jurídico universal sobre el cambio climático antes de 2015.
28 de noviembre–9 de diciembre

LEY NACIONAL DE SEGURIDAD ALIMENTARIA EN LA INDIA
El Gobierno de la India presenta ante el parlamento la Ley nacional de seguridad alimentaria, cambiando a un enfoque de seguridad alimentaria basado en los derechos.
22 de diciembre

AGO | SEP | OCT | NOV | DIC

¿CUÁNTOS PADECIERON HAMBRE? CRISIS ALIMENTARIA EN EL CUERNO DE ÁFRICA

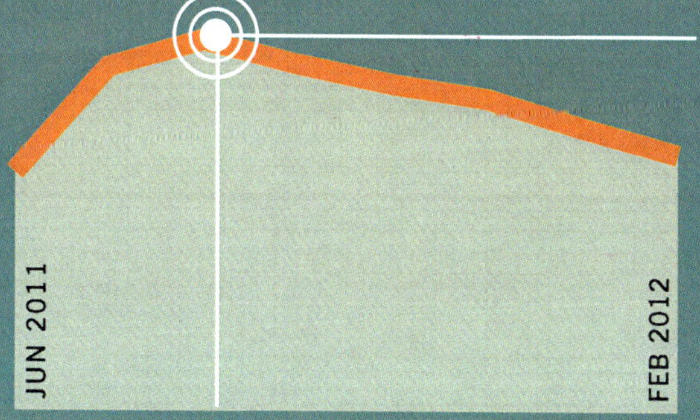

SEPTIEMBRE 2011
Más de 13,3 millones de personas del Cuerno de África se vieron afectadas por una de las peores sequías en 60 años.

11 millones número de personas objetivo para recibir ayuda alimentaria en el peor momento de la crisis

10 meses tiempo transcurrido entre la primera alerta temprana sobre la amenaza de una crisis en ciernes y el nivel más alto de hambruna alcanzado

FUENTE: Organización de las Naciones Unidas para la Alimentación y la Agricultura.

por desarrollar planes nacionales que tengan en cuenta la nutrición. Más de 100 organizaciones han avalado también el movimiento. En África Subsahariana, se desplegaron esfuerzos para integrar la nutrición y la salud en estrategias de desarrollo agrícola en los planos continental, regional y nacional, en la forma de cursos prácticos, conferencias y planes de acción. Estos esfuerzos incluyeron un acuerdo entre la Nueva Alianza para el Desarrollo de África (NEPAD) y la Alianza Mundial para una Nutrición Mejorada (GAIN) destinado a elaborar un programa conjunto quinquenal para integrar completamente la seguridad nutricional en el Programa general para el desarrollo de la agricultura en África (CAADP).

Los vínculos entre alimentos, agua y energía también atrajeron atención en 2011 con la conferencia "The Water, Energy, and Food Security Nexus" (El nexo entre el agua, la energía y la seguridad alimentaria) en Bonn, Alemania. La Organización de las Naciones Unidas para la Alimentación y la Agricultura (FAO) lanzó una nueva adición a su serie de informes sobre el estado del mundo con un informe intitulado *El estado de los recursos de tierras y aguas del mundo,* en el que se examina la disponibilidad de tierras cultivables, el estado de degradación de la tierra y las instituciones para gestionar aguas y tierras escasas[5].

A pesar de los progresos, mucho puede hacerse para aumentar al máximo las oportunidades que presentan los vínculos entre la agricultura y otros sectores. Uno de los obstáculos para la colaboración entre la agricultura y otros campos de desarrollo es la falta de mediciones comunes para medir el efecto de las intervenciones agrícolas en otros resultados del desarrollo, tales como la salud, la nutrición y los recursos naturales. Y es necesario investigar más para identificar oportunidades viables para fortalecer los vínculos entre los sectores y lograr resultados beneficiosos para todos.

LA TIERRA

El aumento de la población mundial, la creciente demanda de alimentos, fibras y biocombustibles, y los picos recientes en los precios globales de los alimentos han aumentado la presión sobre la tierra, ocasionando más degradación de la tierra y aumentando sus precios, en particular en África Subsahariana, Asia Oriental y partes de América Latina.

En 2011 se destacaron varios importantes adelantos en política agraria. La Asamblea General de las Naciones Unidas convocó una reunión de alto nivel para abordar la desertificación, la degradación de la tierra y la sequía, en la que los representantes de los gobiernos hicieron hincapié no sólo en la amenaza que la degradación de la tierra significaba para la sostenibilidad social, económica y ambiental, sino también en la necesidad de futuras inversiones en gestión sostenible de las tierras. Se lanzaron varias iniciativas —específicamente, la Alianza mundial sobre suelos de la FAO, así como la iniciativa *Economics of Land Degradation* (Economía de la degradación de la tierra) emprendida por Alemania, la Comisión Europea y la Convención de las Naciones Unidas de Lucha contra la Desertificación— a modo de mecanismos para fortalecer la gestión sostenible de la tierra por medio del fomento y el intercambio de conocimientos. En estos lanzamientos, nuevas pruebas presentadas por investigadores del IFPRI demostraron que los diseñadores de políticas deberían prestar atención a la degradación de la tierra no solo en las zonas áridas, sino también en muchas tierras de regadío de primera calidad. Debería hacerse más para garantizar la disponibilidad de fertilizantes en las zonas donde el uso de fertilizantes adicionales resulta necesario y apropiado para mejorar la fertilidad del suelo.

Una dimensión particular de las políticas de gestión de la tierra que ocupó especialmente la atención pública en 2011 fue la referente a las adquisiciones de tierras por extranjeros, a menudo descritas como "acaparamiento de tierras", especialmente en África Subsahariana. Dichas adquisiciones tienen posibilidades de inyectar inversiones muy necesarias en la agricultura en los países en desarrollo, pero también pueden perjudicar la seguridad alimentaria y los medios de subsistencia de los pobres locales. Las transacciones de tierras a gran escala también pueden tener efectos negativos en la equidad de género si erosionan los derechos consuetudinarios de las mujeres sobre la tierra[6]. Los informes de la FAO, el Banco Mundial y el Fondo Internacional de Desarrollo Agrícola sobre esta problemática subrayaron, todos, la necesidad de que los gobiernos aseguren inversiones agrícolas responsables y fortalezcan los sistemas de administración de la tierra que respetan los derechos, medios de subsistencia y recursos de todos los ciudadanos[7].

NUEVOS ACTORES

Los nuevos "actores", tales como el sector privado, las economías emergentes y las organizaciones filantrópicas, están dando progresivamente una nueva forma a la estructura y la naturaleza del paisaje mundial de política alimentaria. Estos nuevos actores no solo son una fuente no utilizada aún de apoyo financiero para la seguridad alimentaria en los países en desarrollo sino que también ofrecen ricos conocimientos y pericia, y proporcionan nuevas oportunidades para abordar la complejidad y retos crecientes que enfrenta el sistema alimentario mundial.

En 2011, estos nuevos actores se involucraron cada vez más en los procesos de diseño de políticas alimentarias mundiales. Por ejemplo, el G20 desempeña un papel progresivamente más destacado, junto con el G8, como foro principal para gestionar los problemas económicos mundiales. El plan de acción de los ministros de agricultura del G20 también acentuó la importancia de intensificar la intervención de los actores no estatales, especialmente el sector privado, en los esfuerzos mundiales en favor de la seguridad alimentaria. Las economías emergentes tales como Brasil, China y la India han aumentado su intervención, especialmente para forjar la cooperación Sur-Sur. En 2011, la FAO y China establecieron acuerdos tripartitos con Liberia y el Senegal para proporcionar asistencia técnica china para iniciativas y proyectos de seguridad alimentaria. Un adelanto digno de nota ha sido el inicio de acuerdos de cooperación entre la Fundación de Bill y Melinda Gates y economías emergentes tales como Brasil y China en apoyo de las innovaciones en agricultura y salud en el mundo en desarrollo.

Otras iniciativas nacidas en 2011 demuestran la creciente intervención del sector privado en los esfuerzos en favor de la seguridad alimentaria. El Foro Económico Mundial publicó una "Guía para las partes interesadas" en el marco de su iniciativa Nueva visión para la agricultura. Esta iniciativa, que es esencialmente una colaboración entre las empresas socias del Foro Económico Mundial, promueve las estrategias basadas en el mercado para el desarrollo agrícola sostenible. En forma paralela, los funcionarios ejecutivos principales de los socios del Foro contribuyeron a la elaboración de posturas políticas sobre la volatilidad de los precios de los alimentos y la inseguridad alimentaria que se volcaron directamente en las deliberaciones de los ministros de agricultura del G20 en 2011. Se crearon asociaciones entre los sectores público y privado para promover el crecimiento agrícola sostenible, reducir el hambre y mejorar la nutrición. Por ejemplo, PepsiCo ha firmado varios acuerdos con organizaciones internacionales para apoyar el aumento de la producción agrícola (especialmente entre los pequeños agricultores) junto con esfuerzos relativos a la seguridad alimentaria y nutricional a largo plazo en países tales como China, Etiopía y México. Del mismo modo, las asociaciones filantrópicas privadas y de la sociedad civil siguieron brindando un importante apoyo al desarrollo agrícola, la nutrición, la mitigación de la pobreza y la gestión de los recursos naturales.

Sin embargo, las oportunidades que estos nuevos actores ofrecen para el desarrollo no se han aprovechado plenamente. Por ejemplo, la presencia del sector privado en muchas plataformas mundiales de seguridad alimentaria se limita esencialmente a las corporaciones internacionales, y no existe una verdadera plataforma para hacer intervenir a las compañías más pequeñas. Hasta hace poco tiempo, la comunidad de donantes de ayuda tradicional, representada por el Comité de Ayuda al Desarrollo de la Organización para la Cooperación y el Desarrollo Económicos, no ha incluido la participación de nuevos actores.

> Los nuevos "actores", tales como el sector privado, las economías emergentes y las organizaciones filantrópicas, transforman progresivamente la estructura y la naturaleza del panorama mundial en materia de política alimentaria.

AVANCES REGIONALES

Durante el transcurso de 2011, algunos acontecimientos regionales dieron forma a la seguridad alimentaria y la agricultura, así como al desarrollo más amplio.

En partes de África Septentrional y Medio Oriente, algunos de los factores de larga data, que van desde el desempleo juvenil hasta crecientes disparidades en los ingresos y alto riesgo de inseguridad alimentaria, condujeron a la Primavera árabe, principalmente en Egipto, Libia y Túnez, y también en Bahrein, Siria y el Yemen. Para abordar los retos que dieron lugar a la Primavera árabe se requerirán estrategias de desarrollo más inclusivas. Para mejorar la seguridad alimentaria de los hogares, los gobiernos de la región deberán adoptar políticas que estimulen el crecimiento inclusivo, tales como la generación de empleo para los jóvenes y los pobres, así como redes de seguridad ampliadas y bien orientadas.

Los países africanos lograron importantes progresos en la puesta en práctica del Programa General para el Desarrollo de la Agricultura en África (CAADP) en 2011. Este programa es el marco de la Unión Africana para todo el continente destinado a estimular la productividad agrícola y la seguridad alimentaria. Seis países firmaron pactos que los comprometen a lograr una tasa de crecimiento del sector agrícola del 6% anual y a recaudar fondos para el sector equivalentes a por lo menos el 10% del presupuesto nacional, con lo que la cantidad total de países signatarios aumentó a 29. Alrededor de 20 de estos países han elaborado planes de inversión nacionales, y 6 han recibido fondos de US$270.000 millones en total por parte del Programa Mundial de Agricultura y Seguridad Alimentaria.

En la India, el Parlamento presentó la Ley nacional de seguridad alimentaria, que proporcionaría arroz, trigo y cereales secundarios a precios bajos a más de la mitad de los 1200 millones de habitantes de la India, lo cual la convertirá en el programa contra el hambre más grande del mundo. China anunció planes para impulsar la productividad agrícola por medio del aumento de las inversiones públicas en conservación del agua y riego. Sus inversiones en conservación del agua ascenderán a un total aproximado de US$630.000 millones en los próximos 10 años.

En América Central y el Caribe, los precios altos y volátiles y los desastres naturales suscitaron preocupación por una región "más hambrienta". En octubre de 2011, los ministros de agricultura de las Américas aprobaron una declaración en la que hicieron hincapié en la importancia de aumentar las inversiones en agricultura para reducir el hambre y la pobreza y ayudar a mejorar la estabilidad social en el hemisferio.

En Europa y los Estados Unidos, el apoyo continuo a la producción de biocombustibles, los subsidios agrícolas, la actitud hostil hacia la biotecnología agrícola (principalmente en Europa) y las protecciones comerciales han afectado negativamente al sector agrícola en los países en desarrollo.

PANORAMA GENERAL PARA 2012 Y OPORTUNIDADES PARA LA ACCIÓN

En general, el año 2011 y los años inmediatamente anteriores han revelado las graves debilidades que enfrenta el sistema alimentario mundial: la falta de capacidad para responder a la volatilidad de los precios de los alimentos, el clima extremo y la respuesta inadecuada a las emergencias alimentarias fueron algunas de las más visibles. No obstante, los problemas crónicos, tales como la inseguridad alimentaria y nutricional, también apuntan a esferas en las que el sistema alimentario puede mejorar. También enfrentamos incertidumbres. Todavía no resulta claro si la desaceleración económica mundial empeorará o se revertirá. Abordar todas estas cuestiones en un mundo con recursos escasos requerirá que se sigan incluyendo las problemáticas relacionadas con la agricultura y la seguridad alimentaria entre los puntos destacados de la agenda mundial en 2012 y años subsiguientes.

Sin las medidas preventivas necesarias, varios puntos álgidos podrían hacer erupción y provocar una crisis alimentaria en 2012. Los sistemas de alerta temprana están apuntando una vez más a los riesgos que plantea la sequía en África; esta vez, en la región del Sahel, incluidos Burkina Faso, Malí, Níger y Senegal. La experiencia en el Cuerno de África fue un trágico recordatorio de la necesidad de actuar de manera rápida y agresiva para combatir las crisis humanitarias. También existe incertidumbre respecto a Corea de Sur, que recibió durante mucho tiempo ayuda alimentaria y está sobrellevando una transición de liderazgo.

Los participantes en los principales sucesos internacionales de 2012 deben mantener el foco en las cuestiones de política alimentaria. La cumbre del G8 en los Estados Unidos en mayo y la Cumbre del G20 en Los Cabos, México, en junio, podrían reforzar el énfasis ya expresado por dichos grupos en la seguridad alimentaria mundial y asegurar que se cumplan los compromisos financieros anteriores. Resulta importante que las deliberaciones y decisiones en la conferencia Río+20 sobre la economía verde y el desarrollo sostenible no dejen de lado a los pobres, quienes necesitan un mejor acceso a alimentos, puestos de trabajo y recursos naturales, así como un sistema de protección social seguro.

En el contexto más amplio, los diseñadores de políticas alimentarias enfrentarán diversos retos en 2012 y los años subsiguientes. Persisten los problemas de inseguridad alimentaria y nutricional crónicos, ya de larga data, aunque a veces sean opacados por sucesos más dramáticos y crisis más agudas. Pronto llegaremos al año 2015, fecha meta de los Objetivos de Desarrollo del Milenio, casi con seguridad sin haber cumplido con el objetivo de reducir el hambre a la mitad en todo el mundo. Asia Meridional y África Subsahariana, en particular, aún muestran niveles alarmantes de inseguridad alimentaria y nutricional, a pesar de los progresos logrados en los últimos años. Además, se deberá profundizar la labor para llegar a un acuerdo internacional efectivo sobre el cambio climático.

Debemos encontrar nuevas maneras de explotar los vínculos entre la agricultura y otros sectores, tales como salud, nutrición, agua y energía. Prestar atención a la igualdad de género ayudará a que las inversiones e intervenciones en estas esferas resulten más eficaces. Dado que la agricultura es el nexo que vincula todas estas esferas, debemos aprovecharla para lograr resultados de desarrollo más amplios. Al mismo tiempo, resultará importante establecer un sistema mundial para medir, supervisar y dar seguimiento a los efectos producidos entre la agricultura, la seguridad alimentaria y nutricional, la energía y los recursos naturales. Además, a fin de asignar los recursos de manera más eficaz, deberíamos comenzar a basar los precios de los recursos naturales y los alimentos en su pleno valor para la sociedad, incluyendo sus costos sociales y ambientales, tales como sus efectos sobre el cambio climático y la salud. Todas estas medidas requieren habilidades y conocimientos en los planos nacional y local, por lo que el fortalecimiento de las capacidades puede ayudar a mejorar los resultados.

Estos sucesos y retos se desenvolverán de diferentes maneras en cada país. En las políticas nacionales y locales es donde las fuerzas mundiales se traducen en impactos sobre el terreno; por ende, una buena gobernabilidad así como un buen liderazgo con aplicaciones efectivas pueden marcar una verdadera

Retrospectiva
Perspectivas

SUCESOS ALENTADORES DE 2011

- La agricultura, la nutrición y la salud lograron un lugar más destacado en las agendas nacionales y mundiales, y el nexo entre la agricultura, los alimentos, la tierra, el gua y la energía ha recibido más atención (véase el Capitulo 6).
- Los principales líderes políticos del mundo dieron una alta prioridad a la política alimentaria, con el acuerdo del G20 acerca de un Plan de acción sobre la volatilidad de los precios de los alimentos y la agricultura.
- En el Foro Económico Mundial, el sector empresarial y líderes de la sociedad de todo el mundo aportaron un estímulo a la agricultura con el lanzamiento de su Nueva visión para la agricultura.
- Se lograron progresos alentadores en la conferencia de Durban sobre cambio climático, reconociéndose el papel que puede desempeñar la agricultura en la mitigación del cambio climático y la adaptación a este (véase el Capítulo 4).
- El enfoque de China en la política agrícola rindió sus frutos, dado que la producción total de granos superó los 570 millones de toneladas, un nuevo récord (véase el Capítulo 9).
- El Parlamento de la India presentó una Ley nacional de seguridad alimentaria para proporcionar granos asequibles a más de la mitad de sus 1200 millones de habitantes.
- Las nuevas iniciativas como Alimentar el Futuro, el Programa Mundial de Agricultura y Seguridad Alimentaria y la cooperación Sur-Sur impulsaron las inversiones en agricultura.
- El fomento de la nutrición materna e infantil ganó fuerza, dado que se aceptó en forma generalizada que la nutrición de un niño en los primeros 1.000 días entre su concepción y su segundo cumpleaños es de importancia crucial para su futuro.

LO QUE NO FUE COMO HUBIÉRAMOS DESEADO EN 2011

- Los precios de los alimentos altos y extremadamente volátiles en la primera mitad del año amenazaron la seguridad alimentaria de millones de personas (véase el Capitulo 2).
- No se han cambiado las políticas sobre biocombustibles de los Estados Unidos y la Unión Europea para tomar en cuenta sus efectos sobre los cambios en el uso de la tierra y sobre la volatilidad de los precios de los alimentos (véase el Capitulo 5).
- La Ronda de Doha de negociaciones comerciales no se ha finalizado aún, de manera que los países continuaron manteniendo políticas internas que menoscaban las perspectivas comerciales de los países en desarrollo y la sostenibilidad del sistema alimentario mundial.
- El establecimiento de una norma internacional o un "código de conducta" claro para las inversiones extranjeras en tierras a gran escala ha recibido muy poca atención.
- Los países africanos no están cumpliendo con su objetivo de asignar por lo menos el 10% de sus recursos presupuestarios nacionales a la agricultura.
- La comunidad internacional respondió lentamente y demasiado tarde al desastre que se estaba desplegando en el Cuerno de África (véase el Capítulo 3).
- El hambre aún persiste mundialmente: casi mil millones de personas pasan hambre todos los días. El Índice Global del Hambre 2011 indica que más de dos docenas de países tienen niveles de hambre "alarmantes" o "extremadamente alarmantes".

A QUÉ ESTAR ATENTOS EN 2012

- ¿Cómo están respondiendo los gobiernos a las crisis financieras y de qué manera esto afecta su ayuda para el desarrollo, especialmente en las esferas de agricultura y seguridad alimentaria?
- ¿Cuánto progreso se ha logrado en las diversas iniciativas adoptadas en 2011, como el Plan de acción del G20 o el renovado compromiso del G8 de mejorar la seguridad alimentaria?
- ¿Qué repercusiones están teniendo las transacciones no comerciales en los mercados de futuros y el creciente volumen de negociación de fondos de inversiones indizadas en los precios altos y volátiles de los productos agrícolas básicos? (Véase el Capítulo 2.)
- ¿En qué medida se está integrando la agricultura en las deliberaciones sobre medio ambiente y sostenibilidad, incluida la Cumbre de la Tierra de 2012 o el debate en curso sobre el cambio climático?
- ¿Qué están haciendo los nuevos líderes del Banco Mundial, la Organización de las Naciones Unidas para la Alimentación y la Agricultura y el Programa Mundial de Alimentos para promover la seguridad nutricional y la agricultura?
- ¿Se están aplicando las lecciones aprendidas durante la crisis en el Cuerno de África para enfrentar las crisis en el Sahel y Corea del Norte con mayor eficacia e impacto?
- ¿ Ahora que las economías emergentes insisten en la agenda de agricultura, de qué manera está cambiando el equilibrio de poder en los ámbitos de la investigación, la tecnología, la producción y el comercio agrícolas? (Véase el Capítulo 8.)
- ¿Qué países están logrando mejores progresos para alcanzar el primer Objetivo de Desarrollo del Milenio, y por qué?

diferencia. Para algunos países, resultaría muy beneficioso hacer mayor hincapié en el fortalecimiento de las capacidades (es decir, las habilidades y los conocimientos) de los diseñadores de políticas y los encargados de implantar los programas en todos los niveles.

Esta perspectiva señala algunas esferas de alta prioridad para la acción en 2012. En primer lugar, el G20 debería tomar otras medidas para controlar las riendas de la volatilidad de precios; por ejemplo, haciendo más para reducir la competencia entre los biocombustibles y la producción de alimentos y para desalentar las restricciones comerciales que exacerban los vaivenes de los precios. En segundo lugar, la comunidad internacional debería consolidar las estrategias de crecimiento agrícola mundiales y regionales y crear o fortalecer las instituciones y las capacidades necesarias para poner estas estrategias en práctica. En particular, la cumbre del G8 de este año debería trabajar para asegurar que los países industriales cumplan con su compromiso financiero en apoyo de un proceso de desarrollo liderado por los países, con el fin de lograr la seguridad alimentaria en los países en desarrollo. En tercer lugar, los participantes en la reunión Río+20 deberían integrar los esfuerzos de sostenibilidad económica, social y ambiental y comprometerse a tomar medidas concretas para cumplir con los retos a largo plazo del desarrollo, incluidos la nutrición deficiente, los suelos degradados y la escasez de agua. Finalmente, una amplia coalición intersectorial debería trabajar en conjunto para abordar cuestiones relacionadas con la nutrición, los alimentos y la salud.

¿Qué influyó en las políticas alimentarias en 2011?

Lo más espectacular de 2011 fue el giro de sucesos en los mercados de trigo mundiales que no sólo experimentaron picos de precios, entre otros, sino que también estuvieron al borde del desmoronamiento: en el segundo trimestre, los medios de información anticipaban una segunda crisis mundial de alimentos, posiblemente más grave que la de 2007–2008. Hasta julio, y especialmente antes de la reunión de los ministros de agricultura del G20, los especuladores y los fondos de inversión indexados recibieron más acusaciones que nunca de causar el hambre. Pero entones los precios cayeron y se aplacó la atención prestada a la especulación, lo que dio lugar a la esperanza de que las políticas se ocuparan de problemas más importantes y de más largo plazo, como las finanzas rurales.

—Michiel A. Keyzer, Director, Centre for World Food Studies, Universidad VU, Ámsterdam

Con la sequía en el Cuerno de África, las inundaciones en el sudeste asiático y la escasez de lluvias en el Sahel, en el año 2011 se ha observado claramente el impacto devastador de los efectos del cambio climático en la seguridad alimentaria. Estas crisis han concentrado la atención de las políticas en la urgente necesidad de fortalecer la resiliencia de la agricultura de los pequeños productores y los medios de vida de la población rural pobre. De ahora en adelante, y a la luz de la Conferencia sobre el Cambio Climático de las Naciones Unidas en Durban, la resiliencia seguramente se mantendrá como un componente decisivo de políticas, iniciativas y esfuerzos de desarrollo en todos los niveles para lograr la seguridad alimentaria.

—Kanayo F. Nwanze, Presidente, Fondo Internacional de Desarrollo Agrícola, Roma

La Primavera árabe constituyó el desafío más notorio para las políticas alimentarias en 2011 y demostró por qué son tan importantes. Los países árabes están presionados por todos lados por los altos precios de los alimentos importados, la escalada del costo de los subsidios a los alimentos y la carga doble de malnutrición y obesidad, que aumentarán con el crecimiento de la población. La región es también la más vulnerable al calentamiento de la Tierra, la escasez de agua y las prohibiciones a la exportación. Sin políticas e investigaciones adecuadas, el desafío de alimentar al mundo árabe será cada vez mayor.

—John Parker, Editor de Globalización, The Economist, Londres

Cuando los precios de los alimentos aumentaron en 2008, las respuestas precipitadas, como la prohibición para exportar alimentos, contribuyeron a empujar a 100 millones de personas a la pobreza, siendo este el primer aumento en décadas. Cuando los precios de los alimentos aumentaron nuevamente en 2011, el mundo evitó las respuestas de políticas deficientes y en cambio invirtió, en seguridad alimentaria de largo plazo. Durante la peor sequía mundial en 60 años, este enfoque fue convalidado por la capacidad de Kenya y Etiopía de evitar la hambruna, en parte gracias a la iniciativa Alimentar el Futuro (*Feed the Future*) del presidente Obama y su énfasis en fortalecer la resiliencia por medio del desarrollo agrícola.

—Rajiv Shah, Administrador, Agencia de los Estados Unidos para el Desarrollo Internacional, Washington, DC

En 2011 se produjeron dos sucesos importantes: uno de ellos fue el octavo año consecutivo de cosecha de granos sin precedentes en China, con un récord de 571 millones de toneladas, que sin duda contribuye a un mercado de granos mundial más estable; y el otro suceso fue la Cumbre de Ministros de Agricultura del G20 en París. Nos acercamos a una nueva era de cooperación internacional para la seguridad alimentaria mundial y los países emergentes, como Brasil, China, India e Indonesia, desempeñarán papeles cada vez más importantes.

—Jiayang Li, Presidente, Academia China de ciencias agrícolas, Beijing

Una vez más, en 2011 el mundo en desarrollo sufrió los embates del precio de los alimentos y la volatilidad de la oferta. A diferencia de 2008, la demanda de medidas eficaces para promover la seguridad alimentaria y nutricional ocupó la primera plana. El Comité de Seguridad Alimentaria Mundial planteó explícitamente que las políticas agrícolas y las inversiones públicas deberían priorizar la nutrición y la producción sostenible de alimentos en pequeña escala, así como desarrollar la resiliencia de los sistemas alimentarios locales y tradicionales y la biodiversidad, una meta que todos tenemos el compromiso de alcanzar.

—Kathy Spahn, Presidenta y Directora Ejecutiva, Helen Keller International, Nueva York

La República Democrática del Congo, donde se encuentra el 75% de la segunda selva más extensa del mundo, desea ocupar una posición de liderazgo en la reducción de emisiones de los bosques. Se prevé que la financiación alcance miles de millones de dólares, lo que demuestra el creciente compromiso del gobierno con la agricultura. La especulación con los productos básicos agrícolas también ocupó un lugar importante en la agenda de 2011. Existen pocas pruebas de que sean los especuladores quienes afectan sistemáticamente los precios de los alimentos, pero sí se sabe que estos inciden en la volatilidad de los precios. Sin embargo, poner límites al comercio especulativo podría causar más problemas que soluciones. El G20 decidió crear una mayor transparencia y pidió a la Organización de las Naciones Unidas para la Alimentación y la Agricultura que supervisara más estrictamente el comercio.

—Eric Tollens, Profesor emérito, Katholieke Universiteit, Lovaina, Bélgica

Por primera vez, el G20 dio una alta prioridad a la agricultura. La volatilidad de los precios y la seguridad alimentaria fueron prioridades de la presidencia de Francia. El interés sobre estos problemas continúa en 2012, bajo la presidencia de México, y seguramente generará importantes inversiones en agricultura para así resolver la disminución de la productividad.

—Justin Yifu Lin, Primer Vicepresidente y Primer Economista, Banco Mundial, Washington, DC

La persistencia de los altos precios de los alimentos, desencadenó, entre otros factores, la formación de mercados de tierras que, a su vez, lo cual provocó una excesiva presión comercial sobre las tierras en un contexto de derechos de propiedad mal definidos. Se definió entonces un nuevo panorama de política energética: gas de esquisto, bioenergía y abandono parcial de la energía atómica en Alemania y Japón. Esto va acompañado de vínculos indirectos con la agricultura (en la forma de costos de oportunidad) y presenta desafíos para abordar el cambio climático. Las políticas alimentarias también progresaron considerablemente gracias al debate del G20 y las propuestas para aumentar la ayuda a la agricultura, las mejoras en el comercio de productos básicos, y el seguimiento correspondiente por parte de los Estados Unidos y Europa que habrá de brindar más transparencia y menos especulación.

—Joachim von Braun, Director, Departamento para el cambio económico y tecnológico, Centro para Investigación de Desarrollo, Bonn, Alemania

La agricultura climáticamente inteligente aumenta la productividad, fortalece la resiliencia de los agricultores y disminuye la contribución de la agricultura al cambio climático porque reduce las emisiones de gases de efecto invernadero e incrementa el almacenamiento de carbono en las tierras de cultivo. El creciente reconocimiento mundial de la agricultura climáticamente inteligente y su potencial para ofrecer la triple ventaja de seguridad alimentaria, adaptación y mitigación, figuran entre los desarrollos más exitosos de 2011, y tienen posibilidades reales de influir en las políticas alimentarias nacionales.

—Rachel Kyte, Vicepresidenta de Desarrollo Sostenible, Banco Mundial, Washington, DC

El proceso del G20, con la creación del Sistema de Información de Mercados Agrícolas y el reconocimiento general de la importancia que reviste una mejor información, influyó considerablemente en las políticas alimentarias en 2011. También lo hizo la creciente aceptación de los hallazgos de la Organización de las Naciones Unidas para la Alimentación y la Agricultura (en el Informe sobre el Estado mundial de la agricultura y la alimentación de 2011) de que si se promueve la igualdad y la equidad de género, se podría reducir la cantidad de personas con hambre en 150 millones. Asimismo, la Organización para la Alimentación y la Agricultura (FAO) lanzó un nuevo paradigma agrícola, "Ahorrar y crecer", diseñado para aumentar la producción mundial de alimentos de manera sostenible.

—José Graziano da Silva, Director General, Organización de las Naciones Unidas para la Alimentación y la Agricultura, Roma

L'élan croissant suscité par le mouvement pour l'amélioration de la nutrition (Scaling Up Nutrition) était manifeste en 2011. Le mouvement a soutenu les efforts menés par les pays pour améliorer la nutrition grâce à des partenaires coopératifs travaillant dans des secteurs différents dans le même objectif. L'amélioration de la nutrition encourage les interventions directes en nutrition et les stratégies portant sur la nutrition, telles que les pratiques d'amélioration agricole pour produire sur des cultures riches en nutriments. La conférence internationale de 2011 « Tirer parti de l'agriculture pour améliorer la nutrition et la santé », sous la coordination de l'initiative Vision 2020 de l'IFPRI, a suscité l'intérêt des homologues internationaux et a joué un rôle opportun pour compléter les efforts collectifs en vue d'une meilleure nutrition.

—Emorn Wasantwisut, Asesor principal, Instituto de Nutrición, Mahidol University, Salaya, Tailandia

Me siento complacido con el extraordinario compromiso que los líderes mundiales establecieron el año pasado para mejorar la nutrición humana, lo cual estimuló el surgimiento de un movimiento para el "Fomento de la Nutrición" liderado por países mismos. Estoy especialmente impactado por el modo en que esto atrajo a una amplia variedad de partes interesadas, alentando también la conciencia sobre nutrición en las políticas agrícolas, industriales, de salud, educativas, de empleo, de bienestar social y económicas. Aprecio la atención particular prestada al alcance de las medidas específicas para mejorar la nutrición desde la concepción hasta los dos años de edad, así como la responsabilidad política en los esfuerzos por mejorar la nutrición equitativamente en el contexto de las políticas de seguridad alimentaria, social y de salud.

—David Nabarro, Representante especial del Secretario General de las Naciones Unidas para Seguridad Alimentaria y Nutrición, Nueva York

Por octavo año consecutivo, la producción total de granos de China aumentó hasta alcanzar 571 millones de toneladas el año pasado, superando así a las 550 toneladas métricas por primera vez en medio siglo. Esto ayudó a China a combatir la inflación interna de precios al consumidor y a estabilizar los precios mundiales de los alimentos. Además, un grupo de estudio encabezado por Yuan Longping, padre del arroz híbrido de China, anunció que el rendimiento del arroz híbrido por millón de unidades excede los 900 kilos en uno de sus centros de prueba. Esto contribuiría en gran medida a la seguridad alimentaria de China y del resto del mundo.

—Keming Qian, Director General, Departamento de Desarrollo y Planificación, Ministerio de Agricultura, Beijing

En 2011, Oxfam lanzó su más ambiciosa campaña: CRECE. Los precios de los alimentos, los rendimientos aplanados, el cambio climático, el comercio injusto, los mercados deficientes, la desigualdad entre hombres y mujeres y los acaparamientos de tierras están, todos ellos, conectados y contribuyen a un sistema alimentario mundial dominado por unos pocos gobiernos y compañías poderosos, mientras que no benefician a la mayoría de las personas. La campaña CRECE provocará cambios en las políticas y prácticas desde el nivel mundial hasta los niveles locales para que se cultiven más alimentos de forma más justa y sostenible.

—Jeremy Hobbs, Director Ejecutivo, Oxfam International, Oxford, Inglaterra

Los efectos desestabilizadores y las incertidumbres creadas por los recientes picos de los precios de los principales productos alimentarios básicos y la crisis alimentaria y la hambruna en el Cuerno de África han despertado inquietudes sobre la seguridad alimentaria a un nivel político más alto, y recibieron más atención y consideración prioritaria que en el pasado en las agendas de los responsables de las decisiones de los gobiernos. Este es un importante paso adelante, ya que la seguridad alimentaria es un problema altamente político que requiere soluciones políticas, más que un problema humanitario que necesita soluciones técnicas, como a menudo se consideró en el pasado.

—Carlos Pérez del Castillo, Presidente, Junta del Consorcio CGIAR, Montpellier, Francia

La importancia del enfoque integrado para la seguridad alimentaria que el IFPRI ha ayudado a priorizar es trascendental en el mundo actual. El año 2011 y la hambruna en el Cuerno de África reforzaron la función de los programas de protección social para ofrecer una amplia variedad de recursos de ayuda destinados a los grupos más vulnerables, desde productos nutricionales especializados para proteger las mentes y los cuerpos de niños pequeños, hasta inversiones en gestión sostenible de la tierra para ayudar a las comunidades a fortalecer su resiliencia a las sequías.

—Josette Sheeran, Directora Ejecutiva, Programa Mundial de Alimentos, Roma

En Canadá, el suceso más importante en materia de política alimentaria fue influido por la ideología más que por cambios en las políticas de mercado o de recursos: se trata de la decisión del gobierno de abolir la Junta de granos canadiense (Canadian Wheat Board) que desde hace décadas se ocupa de vender todo el trigo de Canadá occidental. Esto abrirá nuevas oportunidades de mercado para las grandes empresas de trigo internacionales. En cuanto a los problemas relacionados con el agua, hubo interesantes indicaciones de que el gobierno nacional de la India intenta encontrar los espacios políticos y financieros adecuados para asumir un papel más preponderante, por ejemplo incluyendo inversiones importantes en canales de riego en su próximo plan quinquenal.

—Margaret Catley-Carlson, Presidente, Crop Diversity Trust, Roma, y Patrocinadora, Global Water Partnership, Estocolmo

En el Informe Mundial sobre Desastres de 2011, la IFRC abordó uno de los problemas críticos más persistentes que enfrenta nuestro mundo en la actualidad: el hambre. Como ciudadano etíope, pude constatar por mí misma la terrible hambruna que sufre mi país y sé lo que significa que las personas se mueran de hambre. Mundialmente, se calcula que 925 millones de personas no tienen suficiente que comer, y a medida que la población crezca entre el día de hoy y 2050, los suministros de alimentos mundiales estarán sometidos a una presión aun mayor. Los gobiernos deben reconocer el derecho a la alimentación, instrumentar ahora mismo programas de prevención del hambre integrales y centrados en la comunidad, e incrementar las inversiones equitativas y sostenibles en seguridad alimentaria.

—Bekele Geleta, Secretaria General, Federación Internacional de la Cruz Roja y de la Media Luna Roja, Ginebra

El G20 se centró en la seguridad alimentaria y la volatilidad de los precios y guió las iniciativas de investigación internacionales para garantizar un nivel de producción adecuado. Se decidió implementar la Iniciativa del Trigo para promover sistemas de trigo altamente productivos adaptados al cambio climático. El proyecto GEO-GLAM está orientado a supervisar áreas cultivadas con el fin de predecir las cosechas, ya que al poder contar con información anticipada se evita la formación de "burbujas" en los mercados agrícolas. En 2011, las decisiones del G20 significaron un importante progreso en la coordinación de esfuerzos para mejorar la Seguridad Alimentaria Mundial.

—Marion Guillou, Directora Ejecutiva, Instituto Nacional de Francia para la Investigación Agrícola, París

PRECIOS DE LOS ALIMENTOS

En la montaña rusa

Maximo Torero, IFPRI

EL MUNDO SE ENFRENTA A UNA NUEVA ECONOMÍA alimentaria con muchas posibilidades de presentar precios tanto más altos como más volátiles, fenómenos que ya eran evidentes en 2011. Después de la crisis de los precios alimentarios de 2007–2008, dichos precios comenzaron a aumentar una vez más en junio de 2010, y para mayo de 2011, los valores internacionales del maíz y el trigo ya casi se habían duplicado. Según el índice de precios de los alimentos de la Organización de las Naciones Unidas para la Alimentación y la Agricultura, el punto más alto se produjo en febrero de 2011, con un pico aun más pronunciado que en 2008. Sin embargo, cuando los precios de determinados productos básicos se ajustan por inflación, el pico de 2011 no alcanza los niveles de 2008 (figura 1).

Pese a que los picos en los precios de los alimentos en 2008 y 2011 no llegaron a los niveles de la década de 1970, su volatilidad, es decir la amplitud de los movimientos de precios en un período específico, se encuentra en el nivel más alto de los últimos 50 años. Esta volatilidad incidió especialmente en los precios del trigo y el maíz. Por ejemplo, en el caso del trigo duro, hubo en promedio 27 días de volatilidad excesiva en los precios por año entre enero de 2001 y diciembre de 2006 (de acuerdo con una medición de la volatilidad de los precios desarrollada recientemente en el IFPRI[1]). Entre enero de 2007 y diciembre de 2011, el promedio de días de volatilidad excesiva fue de más del doble, alcanzando 76 días por año (figura 2)[2].

Los precios altos y volátiles de los alimentos son dos fenómenos distintos con consecuencias diferentes para consumidores y productores. Los altos precios de los alimentos pueden perjudicar a los consumidores más pobres pues estos necesitan gastar más dinero en sus compras de alimentos y, por lo tanto, tal vez deban reducir la

FIGURA 1 Precios de los productos básicos agrícolas y del petróleo ajustados por inflación, 1990–2011

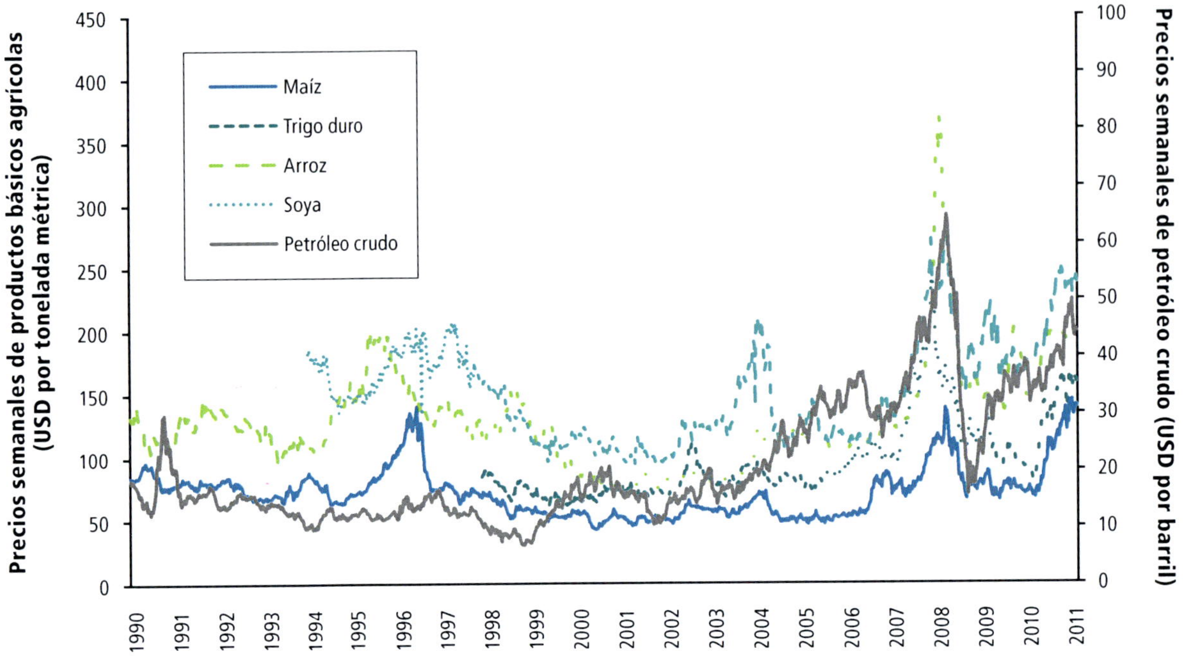

Fuente: Organización de las Naciones Unidas para la Alimentación y la Agricultura, Base de datos FAOSTAT, http://faostat.fao.org/; Consejo Internacional de Cereales, *World Grain Statistics 2009* (Londres, 2009); Administración de Información de Energía de EE. UU., World Crude Oil Prices (datos en línea) (Washington, DC, 2011), www.eia.gov. **Nota:** Los precios están ajustados por inflación tomando 1982–1984 como año de base del índice de precios al consumidor (es decir, 1982–1984 = 100). El maíz es Yellow núm. 2 de EE. UU, el trigo es Hard Red Winter núm. 2 de EE. UU, el arroz es White Thai A1 Super y la soya es Yellow núm. 1 de EE. UU, y el petróleo crudo es el precio al contado para West Texas Intermediate en Cushing, Oklahoma..

cantidad o calidad de los alimentos que compran o bien, economizar en otros bienes y servicios indispensables. Para los productores de alimentos, el alza de los precios alimentarios podría aumentar sus ingresos, pero solo si son vendedores netos de alimentos, si los mayores precios internacionales inciden en sus mercados locales y si la evolución de los precios en los mercados internacionales no aumenta también sus costos de producción. Para muchos productores, especialmente los pequeños productores, algunas de estas condiciones no se cumplieron en la crisis de los precios de los alimentos de 2011.

Aparte de estos efectos de los altos precios de los alimentos, la volatilidad de precios también tiene importantes consecuencias para los productores y consumidores de alimentos. Una mayor volatilidad en los precios puede ocasionar mayores pérdidas potenciales para los productores debido a que los cambios en los precios son más intensos y su ritmo excede las posibilidades de ajuste de los productores. La incertidumbre con respecto a los precios dificulta la capacidad de los agricultores para adoptar decisiones sensatas con respecto a cómo y qué producir. Por ejemplo, ¿qué cultivos deben producir? ¿Deberían invertir en fertilizantes y plaguicidas costosos? ¿Deberían pagar el costo de semillas de alta calidad? Si no tienen una idea clara de cuánto ganarán con sus productos, los agricultores pueden volverse más pesimistas en su planificación a largo plazo y reducir sus inversiones en áreas que podrían mejorar su productividad. (La relación positiva entre volatilidad de precios y pérdidas previstas por los productores puede ejemplificarse con un modelo simple de maximización de utilidades que supone que los productores son tomadores de precios. Aun así, es importante mencionar que no existe ninguna evidencia empírica uniforme con respecto a la respuesta conductual de los productores a la volatilidad.) Una respuesta de reducción de la oferta puede llevar a precios más altos que, a su vez, perjudicarían a los consumidores.

Es importante recordar que en las zonas rurales, la línea entre los consumidores y los productores de alimentos es borrosa. Muchos hogares no solo consumen sino que también producen productos básicos agrícolas. Por lo tanto, si los precios se hacen más volátiles y estos hogares reducen sus gastos en semillas, fertilizantes y otros insumos, su reacción puede repercutir en la cantidad de alimentos disponibles para su propio consumo. Incluso si los hogares son vendedores netos de alimentos, producir menos y tener menos productos

FIGURA 2 Variabilidad excesiva de los precios de los alimentos para el trigo duro

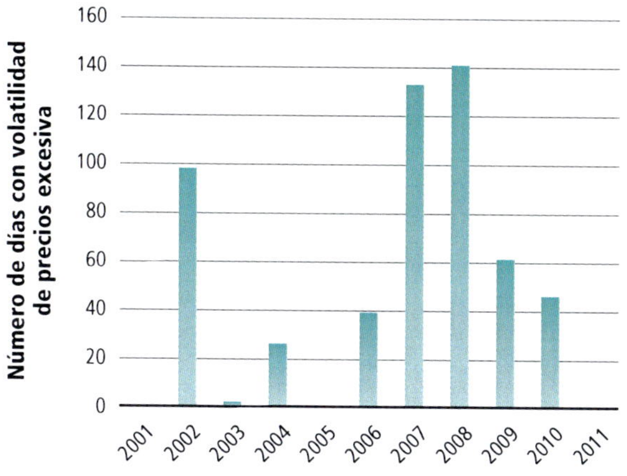

Fuente: C. Martins-Filho, F. Yao, y M. Torero, "High Order Conditional Quantile Estimation Based on Nonparametric Models of Regression," www.foodsecurityportal.org/sites/default/files/martins-filho_torero_yao_2011_0.pdf. Consulta: 3 de abril de 2012.

para vender reducirá el ingreso familiar, lo que también influye en las decisiones de consumo.

Finalmente, el aumento en la volatilidad de los precios también puede, con el tiempo, generar mayores utilidades para los inversionistas y atraer nuevos participantes al mercado de los productos básicos agrícolas. Por lo tanto, una mayor volatilidad de precios puede generar más comercio, potencialmente especulativo, que a su vez puede exacerbar aun más los vaivenes de los precios.

IMPULSORES DE LA VOLATILIDAD RECIENTE EN EL PRECIO DE LOS ALIMENTOS

Entre los principales factores que contribuyen en generar volatilidad de precios se encuentran el incremento en la producción de biocombustibles, los efectos a mediano y largo plazo del cambio climático y los niveles superiores de transacciones en los mercados de futuros de productos básicos. Las restricciones a la exportación en países que son importantes productores de alimentos también contribuyeron al aumento de los precios y la inestabilidad del mercado en 2010 y 2011.

Políticas sobre biocombustibles. El alto nivel de los precios del petróleo en 2011, así como los subsidios y mandatos establecidos por la Unión Europea y los Estados Unidos respecto de la producción de biocombustibles, hicieron que los agricultores remplazaran sus cosechas por cultivos de biocombustibles, la mayoría de los cuales se utilizan también como alimento o pienso, tales como maíz, azúcar y oleaginosas (figura 3). A fin de cumplir con los mandatos sobre biocombustibles, los agricultores han redoblado la producción de tales cultivos, incrementando la demanda de tierras, agua y nutrientes y, por consiguiente, los costos de producción de otros cultivos alimentarios. Además, la producción de cultivos para biocombustibles fortalece los vínculos entre los mercados altamente volátiles de energía y de alimentos, aumentando de ese modo la volatilidad de los precios de los alimentos. Como cada vez son más los países, como la India y Perú, que promulgan mandatos sobre biocombustibles, la volatilidad de los precios de los alimentos seguramente aumentará aún más. El establecimiento de mandatos flexibles sobre biocombustibles que no contribuyan a la volatilidad de los precios de los alimentos podría proporcionar mecanismos alternativos para reducir el efecto potencialmente negativo de las políticas sobre biocombustibles[3].

Condiciones climáticas extremas y cambio climático. Los sucesos climáticos extremos contribuyeron al alza de los precios de los alimentos y la volatilidad del precio del combustible en 2007–2008 y 2010–2011[4], y las perspectivas climáticas predicen sucesos climáticos más variables en el futuro[5]. Los desastres naturales más intensos y frecuentes (como sequías e inundaciones) que resultan del cambio climático podrían desencadenar pérdidas importantes de rendimiento así como subsiguientes aumentos de precios y mayor volatilidad. De hecho, las simulaciones del IFPRI demuestran que el cambio climático seguramente provocará un aumento de los precios, independientemente del mayor o menor ritmo de crecimiento de la población (y por consiguiente, de

FIGURA 3 Proporción de cultivo de maíz de EE. UU. utilizada para producir etanol, 1995–2010

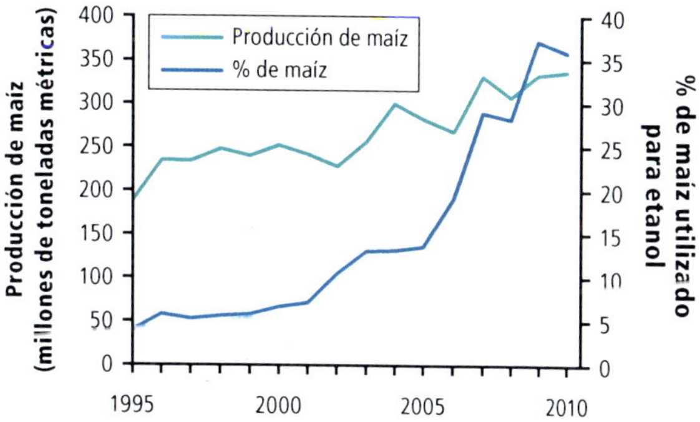

Fuente: Datos de Earth Policy Institute, Data Center: Climate, Energy, and Transportation (2011), www.earth-policy.org/data_center/C23.

la demanda de alimentos). A diferencia del siglo XX cuando declinó el precio ajustado por inflación de los granos básicos, en la primera mitad del siglo XXI estos precios seguramente aumentarán[6].

Negociación de futuros de productos básicos. Una de las señales de la mayor volatilidad de los precios ha sido el importante incremento en el volumen de contratos de futuros de productos básicos agrícolas negociados en la Bolsa de Comercio de Chicago (Chicago Board of Trade), un mercado líder de futuros agrícolas. (Los futuros son contratos entre un comprador y un vendedor que especifican un precio vigente para un producto básico por ser entregado en una fecha futura determinada. Estos contratos pueden ser negociados por inversionistas que no son propietarios de los productos básicos físicos o que no prevén recibir su entrega.) Entre 2005 y 2006, el promedio del volumen mensual de negociación de futuros de trigo y maíz creció más del 60%. En 2007, los volúmenes negociados de trigo, maíz, arroz y soya aumentaron considerablemente. De hecho, el promedio del volumen mensual de operaciones de futuros en soya fue 40% superior al de 2006 (figura 4). Las operaciones de futuros continuaron aumentando durante 2010–2011 para todos los productos básicos. Entre marzo de 2006 y diciembre de 2011, el volumen de las operaciones en fondos de inversión CIF (Commodity Index Funds) que siguen el índice de los productos básicos aumentó en157%, 200% y 169% para maíz, soya y trigo blando en la Bolsa de Comercio de Chicago y en 124% para trigo duro en la Bolsa de Comercio de Kansas City (Kansas City Board of Trade) (en términos de cantidad de transacciones de 5000 bushels). Los inversionistas aumentaron la cantidad de operaciones de futuros de productos básicos alimentarios, aunque solo el 2% de estos contratos de futuros resultaron en la entrega de bienes reales. Por ejemplo, en el caso del maíz, el volumen de los futuros negociados en las bolsas de comercio de todo el mundo es más de tres veces superior a la producción mundial de maíz.

Los cambios en los precios de los futuros demostraron ser superiores a los cambios en los precios de día a día o "al contado". Este patrón de operaciones crecientes de futuros de productos básicos cuyos precios siguen aumentando puede crear un círculo vicioso que exacerba a niveles excesivos la volatilidad de los precios al contado de los productos básicos alimentarios[7].

Otros factores. Los mercados agrícolas de la actualidad tienen tres características que hacen más extremas las respuestas de los precios a estos desafíos. En primer lugar, los mercados exportadores de los principales productos básicos, como arroz, maíz, trigo y soya, están altamente concentrados en unos pocos países o son muy "poco activos" (es decir, solo se negocia una proporción pequeña de la producción) (figura 5). Dados estos altos niveles de concentración, la capacidad mundial para hacer frente a las crisis es limitada. Cualquier incidencia de malas condiciones meteorológicas u otras crisis de producción en estos países repercutirá inmediatamente en los precios internacionales y la volatilidad de los precios. Del mismo modo, todos los cambios en las políticas de alguno de los más importantes exportadores—como prohibiciones del comercio, impuestos aduaneros u otras restricciones a las exportaciones—incidirá considerablemente en los niveles y la volatilidad de los precios de los alimentos (véase la figura 6). Las investigaciones sugieren que tales políticas explican casi el 40% del aumento en el precio del arroz en el mercado mundial durante la crisis de precios de los alimentos de 2007–2008[8].

En segundo lugar, las existencias de cereales en el mundo se encuentran actualmente en los niveles mínimos históricos (figura 7). Esta situación vuelve

FIGURA 4 Volumen mensual de las negociaciones de futuros, 2002–2011

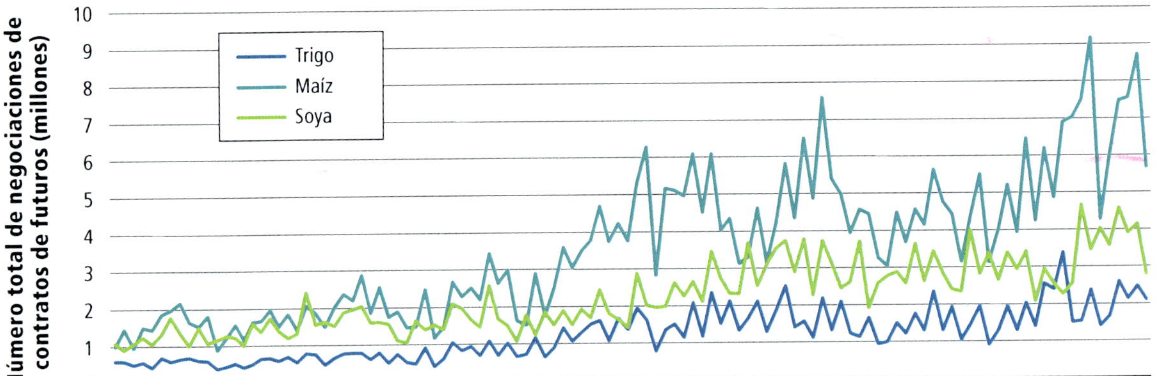

Fuente: Bolsa de Comercio de Chicago (*Chicago Board of Trade*).

FIGURA 5 Participación de los principales exportadores en las exportaciones mundiales de maíz, trigo y arroz, 2008

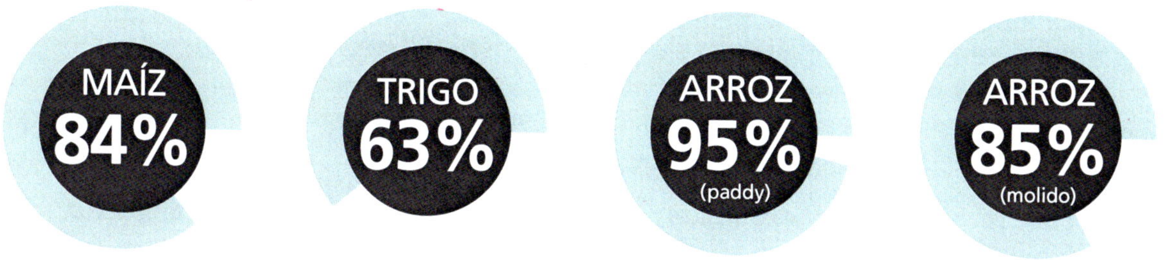

Estados Unidos – 53,0%
Argentina – 15,1%
Brasil – 6,3%
Francia – 6,0%
India – 3,5%

Estados Unidos – 22,9%
Francia – 12,4%
Canadá – 12,0%
Federación de Rusia – 8,9%
Argentina – 6,7%

Estados Unidos – 90,4%
Paraguay – 1,4%
Francia – 1,2%
China – 1,1%
Brasil – 0,9%

Tailandia – 36,4%
Vietnam – 19,9%
Pakistán – 10,9%
India – 10,4%
Estados Unidos – 7,2%

Fuente: Organización de las Naciones Unidas para la Alimentación y la Agricultura, Base de datos FAOSTAT, http://faostat.fao.org/.
Nota: El principal exportador de arroz paddy es Estados Unidos, mientras que otros países exportan arroz molido.

al mundo vulnerable ante los picos en los precios de los alimentos y constituye una amenaza para el funcionamiento correcto de los mercados. Las existencias mundiales de cereales, medidas como proporción entre existencias y uso de cereales, eran similarmente muy bajas cuando se produjo el pico en los precios del trigo en la década de 1970, 1995–1996, 2007–2008 y 2010–2011. Esto indica que para que el mercado opere eficazmente, el sistema alimentario debe mantener un nivel mínimo de existencias de granos para ser capaz de responder a problemas inesperados (como el mal tiempo) y tener margen para el transporte, la comercialización y el procesamiento de los granos[9]. Dados los niveles mínimos de la actualidad, a veces solo una pequeña caída en las existencias de granos puede crear problemas. En 2007–2008, las existencias de granos

FIGURA 6 Efectos de las reacciones de política comercial en países seleccionados sobre los precios mundiales del arroz

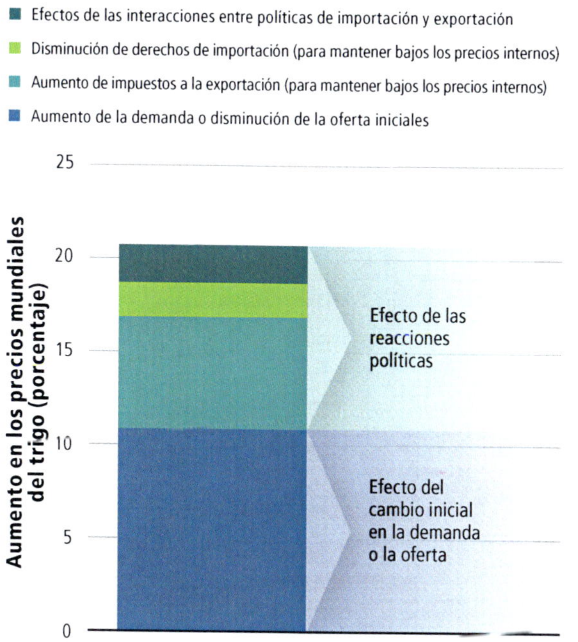

Fuente: A. Bouet y D. Laborde, *Economics of Export Taxation in a Context of Food Crisis: A Theoretical and CGE Approach Contribution*, Documento de discusión del IFPRI núm. 994 (Washington, DC: Instituto Internacional de Investigación sobre Políticas Alimentarias, 2010).

FIGURA 7 Relación entre reservas y uso de cereales, 1996/1997–2011/2012

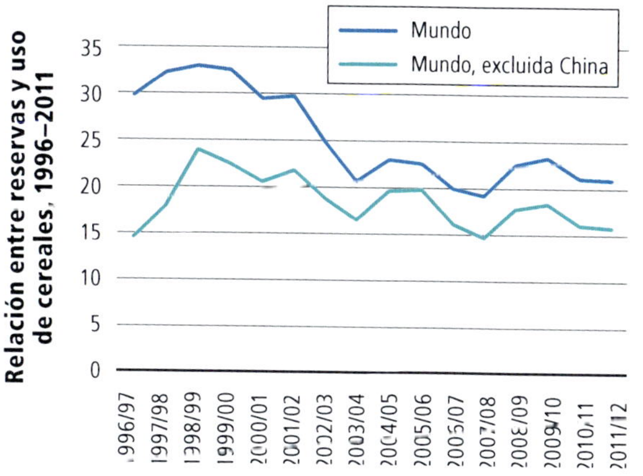

Fuente: Organización de las Naciones Unidas para la Alimentación y la Agricultura, *Perspectivas Alimentarias* (Roma, varios años). **Nota:** Se muestra el mundo con la exclusión de China debido a que dicho país es un caso atípico en términos de reservas, y existen varias dudas sobre la calidad de sus informes de datos.

eran de solo 60 millones de toneladas menos que en 2004–2005, lo que representa una disminución de solo el 2,7% en la producción global. Pero cuando los precios aumentaron marcadamente en 2007–2008, esta diferencia en las existencias de granos fue suficiente para alentar importantes aumentos de precios, especialmente de los productos básicos cuya producción se concentra en unos pocos países, como por ejemplo el arroz[10].

En tercer lugar, la falta de información adecuada y oportuna sobre producción de alimentos, niveles de existencias y pronósticos de precios es muy profunda. Los precios pueden dispararse cuando la falta de información genera reacciones exageradas en los diseñadores de políticas.

ACCIONES Y PROPUESTAS

Tras las dos recientes crisis en los precios de los alimentos, se han adoptado algunas medidas y se han planteado muchas propuestas para impedir su repetición. Estas pueden agruparse por los objetivos que intentan alcanzar: (1) mejor información y más investigación, (2) negociación más sencilla de los productos básicos agrícolas, (3) mayores reservas de alimentos y existencias de granos mejor administradas, (4) uso más activo de instrumentos financieros para ejercer influencia en los mercados de los productos básicos agrícolas y (5) regulación más rigurosa de estos mercados. Los especialistas y diseñadores de políticas debaten los méritos, la viabilidad y la posible eficacia de muchos aspectos de estas propuestas.

Mejor información y más investigación. En junio de 2011, el Grupo de los 20 (G20) reconoció la necesidad de contar con mejor información y para ello acordó lanzar el Sistema de Información de Mercados Agrícolas (AMIS, por sus siglas en inglés). El AMIS está diseñado para alentar a los principales actores de los mercados de alimentos agrícolas del mundo a intensificar la cooperación y compartir datos e información. Si se vincula correctamente con los sistemas de alerta temprana existentes en los niveles internacional y nacional, podría mejorar sustancialmente la capacidad de los países para adoptar decisiones sensatas con respecto a la seguridad alimentaria y ayudar a reducir la volatilidad de los precios. Para que el AMIS sea eficaz, los países y las regiones necesitan desarrollar sistemas transparentes y de acceso público para el seguimiento de la seguridad alimentaria y recopilar datos para brindar información adecuada relativa a los saldos y las reservas de producción de alimentos. Además, el sistema requerirá la participación plena de compañías de alimentos agrícolas privadas, que controlan gran parte de las existencias de granos del mundo. Por el momento, solo se alienta a las compañías privadas a participar voluntariamente en el AMIS y, sin su participación, la información será incompleta y el sistema tendrá efectos limitados.

Dos propuestas clave fueron presentadas para mejorar la información y la coordinación con el objeto de aumentar la confianza del mercado y aliviar las perturbaciones temporales de la oferta. La primera de ellas, de Brian Wright y Alex Evans, es la creación de un organismo internacional de alimentos[11], siguiendo el ejemplo de la Agencia Internacional de Energía. Este organismo de alimentos proporcionaría información sobre los niveles de existencias y desarrollaría protocolos para la respuesta internacional a la escasez a fin de contribuir a la prevención del pánico en los mercados. Esta propuesta recibió dos críticas. De acuerdo a la primera crítica, generar mejor información sobre las existencias seguramente requerirá grandes esfuerzos y coordinación internacional y, por tanto, costos. Actualmente, falta información no solo acerca de las existencias públicas en manos de importantes países productores como China y la India, sino también en relación con las existencias que son controladas por empresas privadas y consideradas por ellas como secretos comerciales. De acuerdo a la segunda crítica, dada esta asimetría en la información no resulta claro de qué modo el organismo propuesto identificaría los umbrales de existencias que harían necesaria la colaboración internacional o cómo los países podrían acordar una respuesta de emergencia.

La segunda propuesta, de Carlos Martins-Filho, Máximo Torero y Feng Yao, consiste en un mecanismo de alerta temprana para identificar a diario la volatilidad anormalmente alta en los precios de los futuros de cultivos de productos básicos alimentarios[12]. Esta información podría ayudar a reducir la posible asimetría en la información entre compradores y vendedores y, por ende, a desalentar la volatilidad de los precios. Pero este modelo tiene sus limitaciones: actualmente funciona solo para productos básicos negociados en el mercado de futuros, pero si existiera mejor información de precios, podría extenderse a los mercados al contado.

Comercio más sencillo de productos básicos agrícolas. En las crisis de los precios de los alimentos de 2007–2008 y 2010–2011, muchos países respondieron reduciendo las exportaciones o aumentando las importaciones en formas que exacerbaron el aumento de precios. Por lo tanto, algunas propuestas tienen la finalidad de facilitar el comercio para reducir los riesgos del comercio de granos cuando las existencias son escasas y evitar perturbaciones en los mercados de granos internacionales. Una de las propuestas promueve la creación de un centro de financiamiento para la importación de alimentos que ayudaría a los países pobres a pagar la importación de alimentos cuando los precios son altos, así como el establecimiento de una

RECUADRO 1

Las restricciones al comercio amplifican los picos de precios de los alimentos

Kym Anderson, Universidad de Adelaida

En 2011, las prohibiciones de exportación continuaron perjudicando a los pobres. A menudo, los gobiernos aumentan los obstáculos para la importación durante los períodos turbulentos a fin de mitigar las preocupaciones nacionales inmediatas tales como el desempleo, pero durante las crisis financieras y de precios alimentarios a nivel internacional en tiempos recientes, algunos países aumentaron las barreras a la exportación[1]. Esta medida por parte de los gobiernos apunta a hacer más difícil y costosa la exportación de alimentos, protegiendo de este modo a los consumidores de esos países de los efectos de los picos de precios internacionales de los alimentos. Algunos de los ejemplos de 2011 fueron las prohibiciones para exportar granos en Tanzania, Etiopía y Rusia, que fueron eliminadas antes de fin de año. Estas respuestas agravan los picos de precios (limitando la oferta en el mercado internacional) y afectan la transferencia de bienestar internacional asociada con ese pico en los términos de intercambio (que definen cuánto necesita exportar un país a cambio de un determinado volumen de importaciones)[2].

Mucho menos valorado es el hecho de que los gobiernos de los países importadores de alimentos están igualmente preocupados por sus consumidores. Como resultado, muchos de ellos redujeron sus restricciones a la importación de alimentos y algunos incluso decidieron otorgar subsidios para la importación de alimentos. Esto exacerbó más aún los picos de precios internacionales, lo que debilitó el intento inicial de los países exportadores de alimentos de proteger a sus consumidores.

Existen nuevas evidencias sobre la magnitud del cambio en los precios nacionales con relación a los precios internacionales en los países exportadores e importadores de alimentos que revelan lo siguiente:

- históricamente, solo alrededor de la mitad de las fluctuaciones en los precios internacionales de los alimentos se transmite a los mercados internos en el primer año;
- tanto los países exportadores como los importadores de granos reaccionan a los picos de precios de los alimentos a una velocidad y escala similares cuando se limitan las actividades comerciales;
- los cambios en las restricciones del comercio mundial de granos durante 2006–2008 generaron aumentos en los precios internacionales de arroz, maíz y trigo, estimados a aproximadamente dos quintas partes, una quinta parte y una décima parte, respectivamente;
- los precios nacionales del trigo podrían haber aumentado menos en todos los países si las restricciones al comercio no hubieran cambiado; y
- los aumentos en el precio del arroz causados por la alteración de las restricciones al comercio tanto en países de ingresos altos como en países en desarrollo fueron solo de una cuarta a una tercera parte menores de lo que hubieran sido de otro modo.

La conclusión sobre políticas alimentarias es la siguiente: en nuestro mundo cada vez más globalizado, los intentos por aislar a los consumidores nacionales de los picos de precios alimentarios internacionales son básicamente futiles. Estas medidas perjudican a todos los países importadores de alimentos ya que incrementan el precio de sus importaciones. Claramente, se necesitan medidas disciplinarias más firmes por parte de la Organización Mundial del Comercio, tanto para las exportaciones como para las importaciones, a fin de limitar el daño que estas respuestas proteccionistas por parte de los gobiernos pueden ocasionar en el mercado internacional ante los picos de precios de los alimentos.

cámara internacional de compensación de granos cuyo fin sería asegurar la disponibilidad de productos básicos alimentarios para su importación[13]. Esta cámara de compensación garantizaría los contratos para la entrega de granos, reduciendo el riesgo de que los exportadores dejen de cumplir con los contratos cuando la oferta es escasa. Otros observadores, con un enfoque diferente, proponen desalentar las prohibiciones de exportación con el fin de evitar perturbaciones en la oferta[14].

Mayores reservas de alimentos y existencias de granos mejor administradas. Se presentaron propuestas para reservas físicas, incluyendo reservas de emergencia[15], reservas de granos coordinadas internacionales[16], reservas regionales y reservas por país.

Una reserva de emergencia es una cantidad modesta de existencias de alrededor de 300.000–500.000 toneladas métricas de granos básicos o aproximadamente el 5% de la ayuda alimentaria internacional actual, que debería ser ofrecida por los principales países productores de granos y financiada por un grupo de más de una docena de países. Esta reserva, que se utilizaría exclusivamente en respuesta a emergencias y como ayuda humanitaria, podría ser administrada por el Programa Mundial de Alimentos. En 2011, en respuesta a esta propuesta, el G20 propuso estudiar la factibilidad de una reserva internacional de emergencia humanitaria mediante un programa experimental en África occidental liderado por la Comunidad Económica de los Estados de África Occidental y respaldado por el Programa Mundial de Alimentos.

La disposición de reservas mundiales o regionales necesitará estar acompañada de un mecanismo para detectar automáticamente en qué momento se deben liberar existencias para calmar los mercados en períodos de dificultades, y resulta fundamental que ese mecanismo sea transparente. El sistema de alerta temprana propuesto para la volatilidad de precios, mencionado anteriormente, podría ser una solución.

Finalmente, una reserva física, ya sea regional o internacional, no resolverá el problema de los vínculos entre los mercados financiero, energético y de productos básicos alimentarios. Este es un problema clave que podría ser extremadamente importante si la especulación excesiva es verdaderamente una de las causas de los picos extremos de precios.

Uso más activo de instrumentos financieros. Dos propuestas de gran importancia están vinculadas con el uso de instrumentos financieros: (1) reservas virtuales[17] y (2) un conjunto de herramientas de gestión de riesgo basadas en el mercado.

Para mantener una reserva virtual se necesitaría intervenir en los mercados de futuros sobre la base de la información relativa a la volatilidad de precios obtenida del mecanismo de alerta temprana descrito anteriormente o, en casos extremos, la decisión de una comisión técnica. Esta intervención consistiría en la formalización de una cantidad de ventas en descubierto progresivas (es decir, la venta de una promesa firme de entregar productos básicos en una fecha posterior a un precio específico) hasta que los precios de futuros y al contado disminuyan a niveles aceptables especificados. Este incremento de las ventas en descubierto provocaría una caída de los precios al contado y debería disminuir la volatilidad extrema de precios al reducir la posibilidad de obtener ganancias anormales. Por lo general, los contratos de futuros se liquidarían compensando compras o ventas; en otras palabras, toda la operación sería virtual. Solo en algunas ocasiones sería necesario obtener el suministro de granos requerido para cumplir con los requisitos de entrega de los contratos de futuros. Una reserva virtual tiene varias ventajas con respecto a una reserva física: no es más que un mecanismo de señalización, no aumenta la presión en los mercados de productos básicos, no incurre en los costos significativos de almacenamiento y oportunidad de una reserva física, resuelve el problema de las interconexiones entre los mercados financiero y de productos básicos y, dado que es solo una señal, debería tener un efecto mínimo en los mercados.

El conjunto de herramientas—propuesto en la reunión de ministros de agricultura del G20 realizada en 2011—incluiría mecanismos tales como coberturas de precios para productos básicos físicos o financieros, seguros e instrumentos de garantía, así como préstamos contracíclicos, que podrían ayudar a los países vulnerables a paliar los riesgos asociados con la excesiva volatilidad de los precios de los alimentos. Se están instrumentando dos propuestas. La primera de ellas, bajo la administración de la Corporación Financiera Internacional, utiliza una nueva herramienta de Gestión de riesgo de precios agrícolas que permitirá a los productores y consumidores cubrirse contra los riesgos de precios en baja o en alza de manera experimental. La segunda es una propuesta del Banco Mundial para simplificar el acceso de los gobiernos a los mercados de gestión de riesgos. Como tal, esta propuesta supone la necesidad de ayudar a estructurar y gestionar las coberturas de riesgo financiero y de productos básicos físicos y a fortalecer la capacidad con respecto a los requisitos legales, normativos y técnicos asociados con el uso de estas herramientas. Estas dos iniciativas necesitarán ser evaluadas para asegurar su eficacia, viabilidad y sostenibilidad.

Reglamentación más rigurosa. Desde fines de 2005, los mercados de futuros y al contado de maíz, soya y trigo han estado acosados por problemas. El principal inconveniente es la falta de convergencia entre los precios al contado y de futuros. A fin de resolver este problema, la Comisión del Comercio en Futuros sobre Mercancía de los Estados Unidos, otros organismos del gobierno estadounidense y la Comisión Europea, junto con el sector de futuros, han avanzado para establecer tarifas de almacenamiento estacionales, imponer límites en la cantidad de certificados de entrega que puede tener una entidad para fines no comerciales y publicar un número adicional del Informe sobre los compromisos de los comerciantes (Commitments of Traders Report) para aumentar la transparencia. Por ejemplo, en octubre de 2011 la Comisión de Contratación de Futuros de Mercancías de EE. UU. aprobó límites para la especulación en alimentos, energía y metales a fin de restringir la cantidad de posiciones al 25% de la producción disponible para entrega. Si los cambios estructurales establecidos no mejoran considerablemente la convergencia entre los precios de futuros y al contado, entonces se debe considerar más seriamente un contrato liquidado en efectivo.

CONCLUSIONES

Las crisis internacionales de los precios de los alimentos en 2007–2008 y 2010–2011 generaron dificultades económicas para los pobres, contribuyeron a los conflictos políticos de muchos países y, a la larga, podrían debilitar la confianza en los mercados alimentarios internacionales, obstaculizando el desempeño de estos mercados para equilibrar cambios fundamentales en la oferta, la demanda y los costos de producción. Más importante aún, las crisis de los precios de los alimentos pueden ocasionar fluctuaciones de precios injustificadas o indeseadas que pueden perjudicar a los pobres, especialmente comprometiendo su seguridad nutricional. Una de las consecuencias es el daño nutricional de largo plazo e irreversible, especialmente entre niños. Por lo tanto, estos episodios recientes en el mercado de los alimentos destacan la necesidad de reformar la arquitectura de los mercados financieros y agrícolas internacionales a fin de resolver el problema de los picos de precios y proteger a los más necesitados y vulnerables.

Como respuesta a las crisis de los precios de los alimentos se ha adoptado una combinación de medidas políticas. Muchos países han tratado de acumular costosas reservas nacionales, y otros se han concentrado en fortalecer su autoabastecimiento. Sin embargo, otros han perdido confianza en la confiabilidad del comercio de alimentos en los mercados globales, lo que llevó a algunos países a adquirir tierras de cultivo en el extranjero para garantizar la seguridad alimentaria de su país. Además, algunos países insisten en aumentar la regulación de las bolsas de productos básicos; sin embargo, existen dudas acerca de si esto evitaría los picos de precios extremos o podría distorsionar los mercados aun más. Todas estas medidas políticas amenazan con alejar a los mercados alimentario y agrícola todavía más de las soluciones eficaces. Una medida más prometedora podría ser la de coordinar las reservas regionalmente, como lo planificó recientemente la Asociación de Naciones del Sudeste Asiático. Este problema global necesita respuestas institucionales a nivel internacional.

En este caso, el análisis apunta a tres mensajes claros. En primer lugar, debemos responder a los problemas estructurales que enfrenta el sector agrícola, es decir: la concentración de exportaciones mundiales de granos básicos entre solo algunos exportadores, los bajos niveles de existencias mundiales de cereales y la falta de información adecuada. Segundo, es fundamental evaluar los efectos de las políticas diseñadas para promover los biocombustibles y las inversiones en los mercados de derivados, como los de futuros de productos básicos, así como las medidas limitadas para hacer frente a los riesgos del cambio climático, como por ejemplo los seguros contra inclemencias climáticas. Finalmente, necesitaremos monitorear cuidadosamente muchas de las medidas que se están adoptando actualmente para reducir la frecuencia de los picos de precios y la volatilidad excesiva a fin de evaluar la relación costo-beneficio con los nuevos sucesos en los mercados mundiales de alimentos. ■

RECUADRO 2

Replantear la función de las reservas de alimentos

Peter Timmer, Profesor Emérito, Universidad de Harvard

En 2011, el mundo tuvo una prueba más de que las grandes reservas de alimentos desalientan la volatilidad de los precios de los alimentos cuando las existencias extensas de arroz en la India evitaron que los precios internacionales del arroz siguieran los pasos de los altos precios del trigo y del maíz a niveles récord. A pesar de que es costoso mantener reservas de alimentos más elevadas, éstas sirven para proporcionar las existencias necesarias en tiempos de crisis. Más importante aún, en los países vulnerables las reservas fortalecen la confianza de que el comercio continúa siendo el mecanismo más eficaz para estabilizar las economías nacionales de los alimentos. Por otra parte, los bajos niveles de reservas de granos comestibles aumentan el nerviosismo de los mercados de productos básicos y su vulnerabilidad a una situación de crisis repentina en la oferta y la demanda, e incluso a las actividades especulativas. Por lo tanto, si la meta es que los precios de los alimentos sean menos volátiles, surgen dos preguntas: ¿Cuál debería ser el volumen de las reservas de granos? ¿A quiénes deben pertenecer?

Los mercados privados tienen una respuesta clara y coherente a la primera pregunta, pero solo si los gobiernos no se involucran en la gestión de las existencias de granos. Los modelos de larga data demuestran que existen niveles de almacenamiento óptimos cuando las expectativas respecto de los precios coinciden con el rendimiento esperado mediante la retención de granos en almacenamiento. Desafortunadamente, en lo que se refiere a la propiedad, cuando las existencias de granos comestibles están en manos privadas, son generalmente insuficientes para brindar un nivel de seguridad alimentaria políticamente aceptable, especialmente en los países grandes. El resultado típico de esta situación es la intervención de los gobiernos para estabilizar los precios nacionales de los alimentos adoptando uno de los siguientes dos métodos básicos: (1) imponer restricciones al comercio de alimentos, lo cual tiende a aumentar la volatilidad de los precios en el mercado mundial, o (2) facilitar la propiedad pública de las reservas de alimentos, lo cual puede resultar costoso.

Claramente, existen evidencias que respaldan la necesidad de contar con grandes reservas de granos, pero es improbable que se adopten medidas colectivas en el nivel internacional. Sin embargo, es posible ayudar a los países a desarrollar sus propias reservas nacionales. La disponibilidad de mayores reservas ayudará a estabilizar la economía alimentaria mundial, permitiendo así que el comercio desempeñe un papel más importante (y menos perturbador). Si la comunidad del desarrollo internacional, en asociación con los gobiernos de países grandes, quiere promover una economía alimentaria internacional más estable, se necesita cambiar los incentivos de largo plazo en a las prácticas de almacenamiento de las existencias y utilizar un mayor volumen de estas existencias para fortalecer la confianza en la función del mercado internacional de granos comestibles. Dado que resultará muy costoso controlar dicho volumen de existencias, se puede visualizar una situación en la que el aumento de las existencias es paulatino, creando así en forma sostenida una confianza renovada en el mercado mundial de granos a medida que los precios se vuelven más estables. Luego, las existencias pueden reducirse (gradualmente) a medida que se acepta la realidad de la presión fiscal. Lo que debería permanecer es la confianza renovada en el comercio y el modo en que puede ayudar incluso a los países grandes a sostener su seguridad alimentaria.

RHINO
RHINO

DESASTRES

Déjà Vu en el Cuerno de África

Derek Headey, IFPRI

El año 2011 será recordado por algunas personas como el que registró los desastres "naturales" más graves que se recuerden. Se produjeron desastres naturales de gran importancia tanto en países desarrollados como en desarrollo (véase el mapa de "Seguridad alimentaria e inocuidad de los alimentos" en las páginas siguientes): poderosos sismos en Japón, Nueva Zelanda y Turquía, inundaciones graves en Pakistán (véase el recuadro 3), el Sudeste de Asia y Australia, además de sequías intensas en el Cuerno de África y partes del Sahel. Dentro de esta lista, hay una considerable diversidad en términos de la gravedad de los impactos, según se produjeron lentamente o fueron desastres desencadenados en forma súbita, o los impactos fueron efectivamente sucesos únicos o más bien una característica habitual del paisaje, o las sociedades afectadas por el desastre eran relativamente resilientes o relativamente vulnerables.

En las zonas de tierras bajas del Cuerno de África, las sequías y las inundaciones son sucesos frecuentes pese a que la escala de la emergencia alimentaria de 2011 fue un tanto inusual. La sequía comenzó con la escasez de lluvia a fines de 2010 y mediados de 2011. En algunas regiones del Cuerno de África, especialmente en algunas partes de Somalia, la sequía fue la peor sufrida en 60 años. Además, en el punto máximo de la sequía, alrededor de agosto de 2011, más de 13 millones de personas necesitaban ayuda alimentaria. El Fondo de las Naciones Unidas para la Infancia informó que más de 320.000 niños sufrían de malnutrición grave

SEGURIDAD ALIMENTARIA E INOCUIDAD DE LOS ALIMENTOS

LUGARES AFECTADOS POR DESASTRES EN 2011

BROTE DE E. COLI EN ALEMANIA

El brote se propagó a países de toda Europa y América del Norte. Se enfermaron más de 4.000 personas, y murieron otras 50. A causa de las preocupaciones sobre la inocuidad de los alimentos, bajó el consumo de frutas y verduras en Europa, y los países impusieron individualmente restricciones comerciales de precaución.

Mayo–Junio 2011

INUNDACIONES EN EL MEDIO OESTE DE LOS EE. UU.

Se quebraron varios diques a lo largo del río Misuri, inundando cientos de hectáreas de tierras agrícolas. Se calcula que las pérdidas superaron los US$2.000 millones. La inundación llegó a las Praderas Canadienses, donde se calculó que las pérdidas en bienes y agricultura superarían los US$1.000 millones.

Tercer trimestre 2011

SEQUÍA EN EL NORTE DE MÉXICO

Casi 900.000 hectáreas de tierras agrícolas (alrededor de 2,2 millones de acres) quedaron devastadas, y se perdieron 1,7 millón de cabezas de ganado.

Fines de 2010–Enero 2011

SEQUÍA Y OLA DE CALOR EN LAS GRANDES LLANURAS DEL SUR Y EN EL SUDOESTE DE LOS EE. UU.

Gran parte de las tierras de cría de ganado y pastoreo se consideraron en condiciones "muy deficientes". Las pérdidas directas de cultivos, ganado y madera se aproximaron a US$10.000 millones.

Segundo/cuarto trimestre 2011

LEYENDA DE DESASTRES NATURALES

- INUNDACIONES
- CICLÓN
- SEQUÍA
- TERREMOTO
- TSUNAMI
- ENFERMEDADES TRANSMITIDAS POR LOS ALIMENTOS
- HAMBRUNA/ESCASEZ DE ALIMENTOS

EL ALTO PRECIO DE LA MADRE NATURALE

Los desastres naturales alrededor del mundo cau pérdidas económicas récord de US$380.000 millo 2011. Esta cifra duplica, y más, el recuento para es de alrededor de US$115.000 millones más que récord anterior.

US$380.000 MIL

US$152.000 MIL

US$210.000 MIL

más de la mitad de las pérdidas

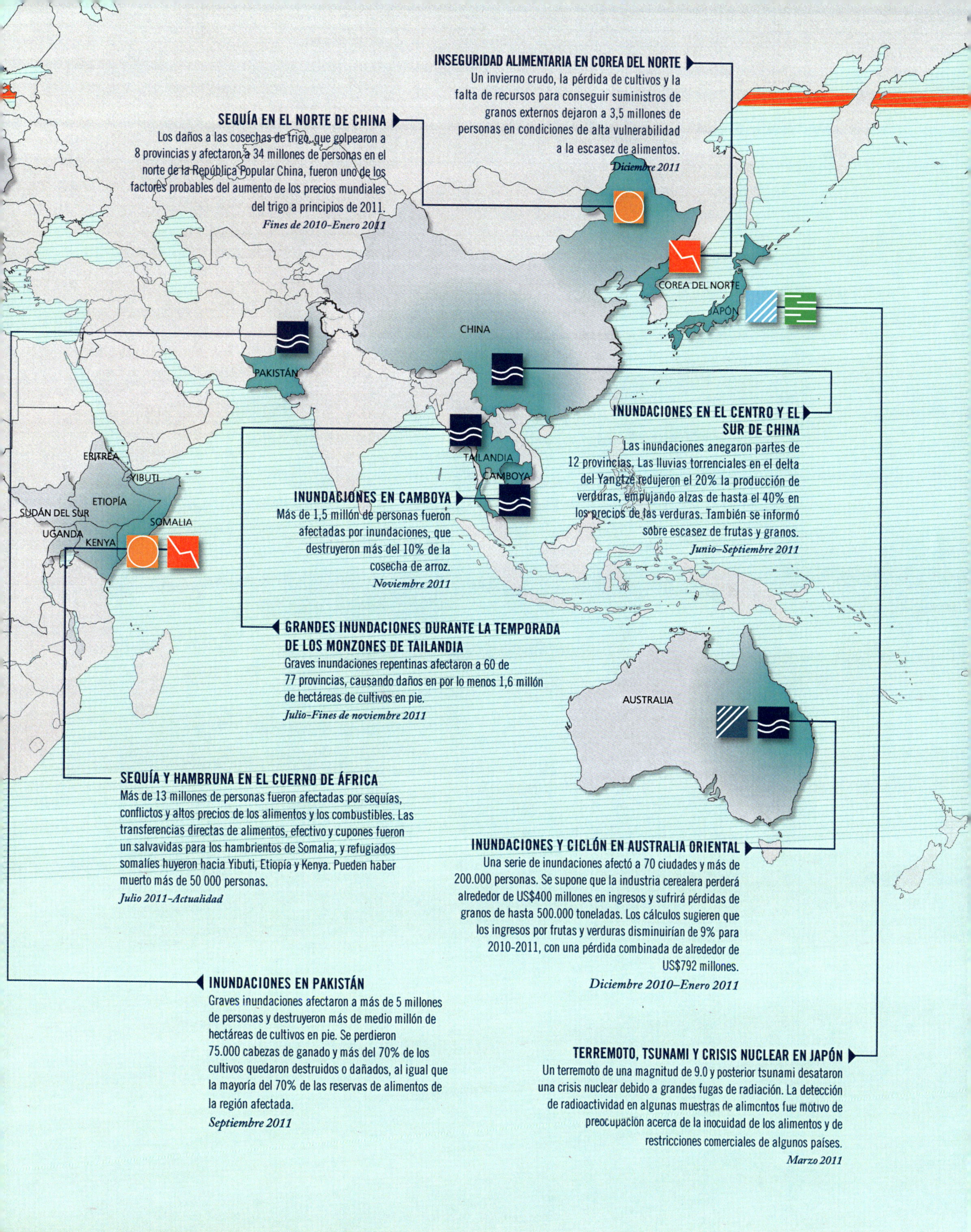

INSEGURIDAD ALIMENTARIA EN COREA DEL NORTE
Un invierno crudo, la pérdida de cultivos y la falta de recursos para conseguir suministros de granos externos dejaron a 3,5 millones de personas en condiciones de alta vulnerabilidad a la escasez de alimentos.
Diciembre 2011

SEQUÍA EN EL NORTE DE CHINA
Los daños a las cosechas de trigo, que golpearon a 8 provincias y afectaron a 34 millones de personas en el norte de la República Popular China, fueron uno de los factores probables del aumento de los precios mundiales del trigo a principios de 2011.
Fines de 2010–Enero 2011

INUNDACIONES EN EL CENTRO Y EL SUR DE CHINA
Las inundaciones anegaron partes de 12 provincias. Las lluvias torrenciales en el delta del Yangtzé redujeron el 20% la producción de verduras, empujando alzas de hasta el 40% en los precios de las verduras. También se informó sobre escasez de frutas y granos.
Junio–Septiembre 2011

INUNDACIONES EN CAMBOYA
Más de 1,5 millón de personas fueron afectadas por inundaciones, que destruyeron más del 10% de la cosecha de arroz.
Noviembre 2011

GRANDES INUNDACIONES DURANTE LA TEMPORADA DE LOS MONZONES DE TAILANDIA
Graves inundaciones repentinas afectaron a 60 de 77 provincias, causando daños en por lo menos 1,6 millón de hectáreas de cultivos en pie.
Julio–Fines de noviembre 2011

SEQUÍA Y HAMBRUNA EN EL CUERNO DE ÁFRICA
Más de 13 millones de personas fueron afectadas por sequías, conflictos y altos precios de los alimentos y los combustibles. Las transferencias directas de alimentos, efectivo y cupones fueron un salvavidas para los hambrientos de Somalia, y refugiados somalíes huyeron hacia Yibuti, Etiopía y Kenya. Pueden haber muerto más de 50 000 personas.
Julio 2011–Actualidad

INUNDACIONES Y CICLÓN EN AUSTRALIA ORIENTAL
Una serie de inundaciones afectó a 70 ciudades y más de 200.000 personas. Se supone que la industria cerealera perderá alrededor de US$400 millones en ingresos y sufrirá pérdidas de granos de hasta 500.000 toneladas. Los cálculos sugieren que los ingresos por frutas y verduras disminuirían de 9% para 2010-2011, con una pérdida combinada de alrededor de US$792 millones.
Diciembre 2010–Enero 2011

INUNDACIONES EN PAKISTÁN
Graves inundaciones afectaron a más de 5 millones de personas y destruyeron más de medio millón de hectáreas de cultivos en pie. Se perdieron 75.000 cabezas de ganado y más del 70% de los cultivos quedaron destruidos o dañados, al igual que la mayoría del 70% de las reservas de alimentos de la región afectada.
Septiembre 2011

TERREMOTO, TSUNAMI Y CRISIS NUCLEAR EN JAPÓN
Un terremoto de una magnitud de 9.0 y posterior tsunami desataron una crisis nuclear debido a grandes fugas de radiación. La detección de radioactividad en algunas muestras de alimentos fue motivo de preocupación acerca de la inocuidad de los alimentos y de restricciones comerciales de algunos países.
Marzo 2011

ENTES: Seguridad alimentaria e inocuidad de los alimentos: Earth Policy Institute; Centro Europeo para la Prevención y el Control de las Enfermedades; *The Guardian*; Oficina cional de Administración Oceánica y Atmosférica del Departamento de Comercio de los EE. UU.; Oxfam; PricewaterhouseCoopers; Comisión nacional de gestión de desastres mboya); Organización de las Naciones Unidas para la Alimentación y la Agricultura; Organización Mundial de la Salud de las Naciones Unidas; Programa Mundial de Alimentos as Naciones Unidas; Banco Mundial. **El alto precio de la Madre Naturaleza:** Munich Re.

en Yibuti, Etiopía, Kenya y Somalia. La situación en Somalia era especialmente seria: 4 millones de personas, más de la mitad de la población del país, estaban en situación de crisis (figura 1). De estas, se declaró oficialmente que 750.000 sufrían de hambre. Se sabe que desde mediados de 2011 han muerto miles de seres humanos, especialmente lactantes y niños pequeños.

Dada la gravedad de esta sequía, así como la frecuencia de las emergencias humanitarias en la región, surgen varias preguntas perturbadoras. ¿Por qué la región aparece más vulnerable ahora que en el pasado, especialmente después de décadas de ayuda humanitaria y para el desarrollo? ¿Qué medidas deben adoptarse para mejorar los esfuerzos de desarrollo y asistencia para que la población del Cuerno de África sea más resiliente ante la próxima sequía?

¿POR QUÉ ES TAN VULNERABLE EL CUERNO DE ÁFRICA?

A diferencia de otros desastres de 2011, la crisis en el Cuerno de África no es un suceso único. Desde la gran hambruna africana de 1982–1984, la vulnerabilidad (figura 2) y la dependencia de la ayuda parecen haber aumentado con el transcurso del tiempo. En Kenya se produjeron sequías acompañadas de emergencias alimentarias en seis de los últimos ocho años. Pero, ¿qué explica esta tendencia perturbadora? ¿Se debe a que las sequías e inundaciones son más frecuentes, a que la población es más vulnerable, o a ambas razones?

Todavía no existen pruebas de un cambio climático generalizado en la región somalí de Etiopía[1], pero las precipitaciones en Kenya parecen haber disminuido considerablemente, y algunos observadores predicen que

RECUADRO 3

Tras las inundaciones: Pakistán y la seguridad alimentaria

Paul Dorosh y Sohail J. Malik, IFPRI

Las lluvias excepcionalmente intensas del monzón causaron grandes inundaciones en partes de Pakistán en 2010 y 2011. Entre julio y agosto de 2010, el agua de las inundaciones cubrió 50.000 kilómetros cuadrados y afectó a más de 18 millones de personas (aproximadamente una décima parte del total de la población del país) y causó aproximadamente 2000 muertes relacionadas con la inundación, pérdida de 500.000 cabezas de ganado y daño o destrucción de 2,2 millones de hectáreas de cultivos en pie, 1,7 millones de hogares y 10.000 escuelas. Luego, pisando los talones a este desastre, se produjo la inundación de 2011 que afectó la parte meridional de Pakistán desde agosto hasta octubre. Pese a que afectó una zona más pequeña que la inundación de 2010 y solo a la mitad de las personas, el costo combinado de vidas humanas y daños materiales puso de relieve la importancia de las mejoras continuas en rehabilitación y recuperación ante desastres en Pakistán[1].

Las experiencias anteriores en Pakistán y otros países de Asia Meridional demostraron que la recuperación ante desastres debe incorporar estrategias de subsistencia para los hogares afectados, como por ejemplo

- priorizar la protección social de los grupos más vulnerables,
- elevar la conciencia sobre los nuevos programas,
- asegurar la participación de las partes interesadas más importantes (de una base multisectorial así como de la comunidad) en las decisiones adoptadas para cada programa,
- adaptar las intervenciones a las necesidades específicas de los grupos vulnerables y
- ofrecer planes de trabajo provisionales.

En particular, la experiencia de la inundación de 1998 en Bangladesh, donde los hogares pobres tenían una carga de deuda permanente de aproximadamente US$100 (equivalente en promedio a un mes y medio de consumo), subrayó la importancia de los préstamos del sector privado en las estrategias de adaptación de los pobres y la necesidad de considerar la realización de transferencias importantes a estos hogares para evitar efectos adversos de largo plazo.

Mientras que Pakistán pudo aprovechar algunas de las experiencias del pasado, el retraso en el suministro de fondos y su implementación, causados en parte por la resistencia de los donantes a la luz del deterioro en la gobernabilidad y la aplicación de las leyes y el orden, asedió la respuesta a las inundaciones de Pakistán en 2010. Afortunadamente, los precios nacionales del trigo en Pakistán se mantuvieron estables debido a una buena cosecha en abril de 2010 y abundantes existencias privadas y públicas. Las autoridades pakistaníes procesaron 1,5 millones de hogares perjudicados por las inundaciones y ofrecieron albergue de emergencia a más de 900.000 familias. Aproximadamente 6 millones de personas recibieron ayuda alimentaria en raciones mensuales hasta enero de 2011. El Gobierno de Pakistán también lanzó un programa de Compensación por daños a ciudadanos, diseñado para entregar a cada una de las familias afectadas (1,5 millones en total) un pago único de aproximadamente US$230 (con una tarjeta de débito o tarjeta "Watan"). La evaluación posterior sobre la eficacia del programa, incluyendo la especificación de destinatarios de pagos y otros aspectos, debería ofrecer lecciones y opiniones útiles adicionales para la preparación contra desastres futuros y la implementación de medidas de socorro y recuperación en Pakistán[2].

FIGURA 1 Inseguridad alimentaria estimada en el pico de la hambruna del Cuerno de África

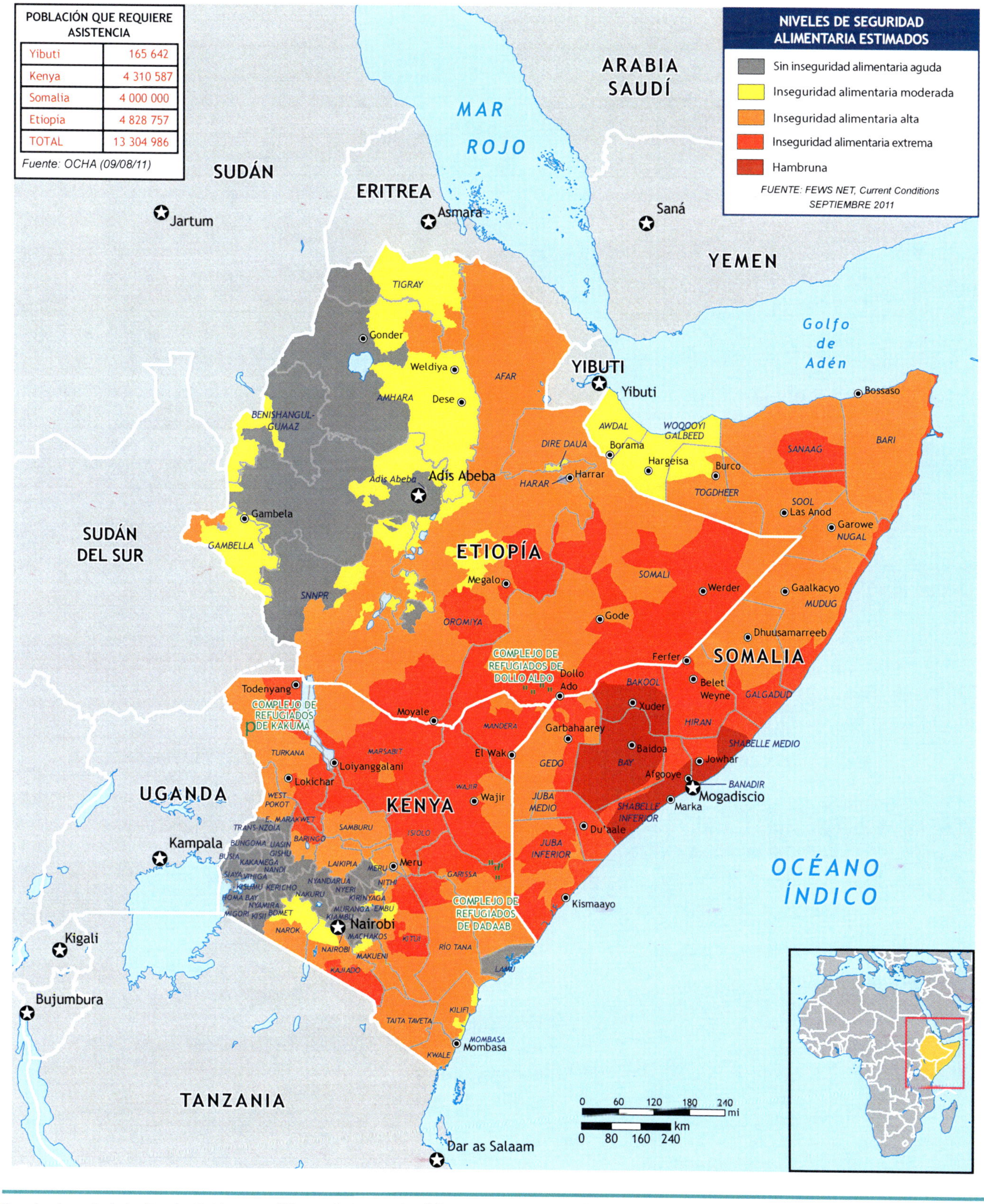

POBLACIÓN QUE REQUIERE ASISTENCIA	
Yibuti	165 642
Kenya	4 310 587
Somalia	4 000 000
Etiopía	4 828 757
TOTAL	13 304 986

Fuente: OCHA (09/08/11)

Fuente: Agencia de los Estados Unidos para el Desarrollo Internacional, http://www.usaid.gov/our_work/humanitarian_assistance/disaster_assistance/countries/horn_of_africa/template/maps/fy2012/hoa_10072011.pdf. **Nota:** Los datos de este mapa se calcularon para septiembre de 2011.

FIGURA 2 **Número de personas afectadas adversamente por sequías en el Cuerno de África, 1970-2010**

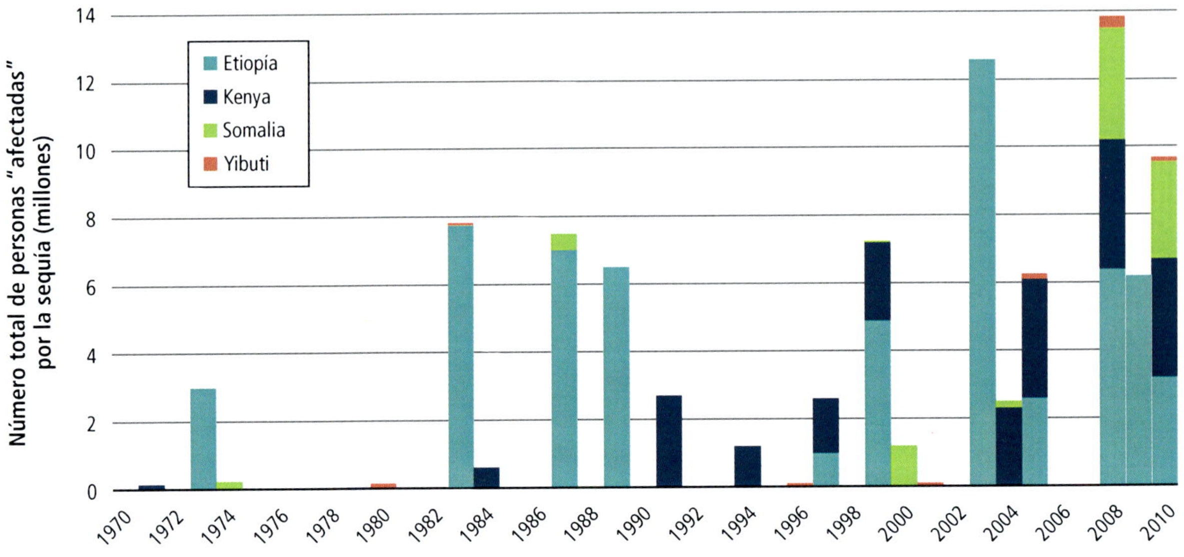

Fuente: EM-DAT: The OFDA/CRED International Disaster Database (Université Catholique de Louvain, Bruselas, 2011), www.emdat.be. **Nota:** Los cálculos indicados son solamente aproximados. Además de los problemas para identificar a las personas afectadas, hay grados de repercusión que no se registraron, así como posibles omisiones en períodos anteriores debido a mediciones menos eficaces, gobernabilidad deficiente y demás. Asimismo, estos datos no distinguen entre poblaciones pastoralistas y no pastoralistas, en particular en Etiopía, lo que dificulta la medición de los impactos de las sequías específicamente en las zonas pastoralistas.

el cambio climático pronto aumentará la frecuencia de las sequías en la región.

Pero aun así, muchos expertos de la región ven el aparente recrudecimiento de la inseguridad alimentaria como una función de factores socioeconómicos así como de sucesos climáticos. En parte, este razonamiento refleja investigaciones realizadas anteriormente sobre hambrunas e inseguridad alimentaria, que proceden de la fecunda labor del premio Nobel Amartya Sen[2]. Sen planteó la hipótesis de que la población muere de hambre no por la escasez acumulada de alimentos sino porque no le es posible acceder a estos alimentos. Sin embargo, otros observadores sostienen que la hambruna también tiene causas sociales y políticas más profundas, como los conflictos, la corrupción y otras formas deficientes de administración económica y política[3].

En las crisis más recientes, se piensa en forma general que una razón importante para que solo el sur de Somalia fuera invadido por la hambruna fue la situación de conflicto en esa región (figura 1). Los conflictos aumentaron muy probablemente la inseguridad alimentaria de diversas maneras. En primer lugar, el sur de Somalia, que carece de un gobierno efectivo, no ha podido desarrollar instituciones de gestión del riesgo de desastres y programas de redes de protección social similares a los que existen en otros países de la región. Segundo, Al Shabab ha excluido al Programa Mundial de Alimentos de las regiones que controla, inhibiendo en gran medida el suministro de bienes y servicios de emergencia (recuadro 4). Finalmente, la situación de conflicto ha limitado considerablemente los mecanismos a los que recurre la población para hacer frente a la sequía, como la capacidad para movilizar sus manadas, comercializar su ganado y acceder a víveres a precio razonable. Se ha demostrado que los conflictos locales impiden la movilidad de las manadas en diversas regiones de Etiopía y Kenya[4].

No solo pueden los conflictos amplificar los efectos de la sequía sino que esta puede a su vez causar conflictos, exacerbando la competencia por tierras de pastoreo y fuentes de agua escasas. Para Somalia, un estudio reciente sostiene que la escasez de precipitaciones empuja hacia abajo los precios reales del ganado (y, por ende, el ingreso de los hogares), lo que a su vez causa conflictos más frecuentes dado que los hombres jóvenes buscan formas alternativas de ingresos[5]. Resulta difícil interpretar las relaciones exactas entre sequía, conflicto e inseguridad alimentaria, pero parece probable que los conflictos son tanto una causa como una consecuencia de la inseguridad alimentaria.

La presencia de conflictos es una explicación socioeconómica obvia de la inseguridad alimentaria

RECUADRO 4

Ayuda humanitaria: ¿Qué podemos hacer mejor?

Steven Were Omamo, Programa Mundial de Alimentos

La sequía, los conflictos y los precios altos de los alimentos y los combustibles en 2011 son factores que repercuten en las vidas de más de 13 millones de personas en la región del Cuerno de África, que comprende a Yibuti, Etiopía, Kenya y Uganda. El Programa Mundial de Alimentos (PMA), con la ayuda de gobiernos y otros asociados, identificó 11 millones de personas afectadas por la crisis. Ya en diciembre, el programa PMA, que había utilizado una variedad de intervenciones— como por ejemplo las transferencias directas de alimentos, efectivo y cupones—llegó a más de 8 millones de personas en toda la región, proporcionando una cuerda de salvamento vital a somalíes vulnerables, principalmente dentro de Somalia, y también a refugiados somalíes que huían de Yibuti, Etiopía y Kenya. El grueso de la ayuda alimentaria del PMA se entregó a las poblaciones afectadas por la sequía en Etiopía, Kenya y Uganda. Sin embargo, la inseguridad y la infraestructura deficiente de Somalia impidieron al PMA llegar a todas las poblaciones identificadas.

Aunque no logró cumplir su meta, el PMA aprendió una importante lección. Las inversiones por parte de los gobiernos nacionales y otros asociados en la gestión mejorada del uso de la tierra y otras medidas para incrementar la resiliencia, se realizaron tomando en cuenta que las poblaciones que recibieron la ayuda alimentaria requerida durante las sequías anteriores no habrían de necesitar dicha ayuda en 2011, en especial en Etiopía, Kenya y Uganda.

Para el PMA, las inversiones realizadas para reafirmar la preparación también tuvieron resultados positivos, especialmente en lo que concierne la decisión de utilizar un nuevo centro de compras de vanguardia, creado para adquirir y comprar anticipadamente alimentos en zonas susceptibles de requerir ayuda alimentaria. Los análisis preliminares del PMA, la Unión Africana y otros asociados sugiere que el uso de reservas de alimentos de emergencia a nivel regional y el uso expandido de seguros basados en índices meteorológicos podría mejorar aún más la preparación de la población en situaciones como las del Cuerno de África1.

Con vistas al futuro, los desafíos fundamentales de las políticas que enfrentan el PMA y otros actores humanitarios se centran en cómo fortalecer la resiliencia de las comunidades que viven en zonas propensas a las sequías, utilizando programas de asistencia humanitaria para ayudar a los agricultores y pastoralistas a adaptarse a los cambios en los comportamientos meteorológicos. A tal efecto es que los organismos deben encontrar formas de

- mejorar la integración de las iniciativas de socorro a fin de crear soluciones de más largo plazo que puedan fortalecer la resiliencia de las comunidades en las zonas propensas a las sequías, ampliando el alcance de las tareas de recuperación y rehabilitación;
- proteger los activos productivos de las poblaciones afectadas, con un enfoque especial en la satisfacción de las necesidades nutricionales de los miembros más débiles de la sociedad a fin de proporcionarles productos alimentarios complementarios altamente nutritivos;
- fortalecer la capacidad de los gobiernos nacionales para desarrollar soluciones y mecanismos institucionales que les permitan enfrentar las crisis, haciendo hincapié en los métodos que equilibran las intervenciones de corto plazo con las inversiones de mediano y largo plazo destinadas a resolver la baja productividad y otras causas de la inseguridad alimentaria y nutricional; y
- respaldar a la Comisión de la Unión Africana y la Autoridad Intergubernamental para el Desarrollo en la creación de un proceso para abordar las serias lagunas de las instituciones a nivel regional en materia de política alimentaria, especialmente vinculando más eficazmente la evaluación y las alertas tempranas con medidas oportunas y eficaces.

Estas medidas pueden limitar los efectos negativos de una crisis natural o causada por el ser humano, reduciendo así el sufrimiento y aumentando el impacto de la ayuda humanitaria.

en el Cuerno de África, pero de ninguna manera es la única. Muchos estudios realizados sobre esa región, especialmente fuera de Somalia, se han centrado en la resiliencia cada vez más reducida de los pastoralistas y expastoralistas[6]. La resiliencia de los hogares es principalmente una función de sus activos (ganado, educación, tierras) y de sus mecanismos de adaptación (movilidad, diversificación de ingresos). La ganadería es el sector económico más grande en el Cuerno de África y, para muchos hogares, constituye el activo más valioso así como una importante fuente de ingresos, leche y otros productos para su propio consumo. Dada la abundante cantidad de tierras y las precipitaciones variables en la región, el desplazamiento de animales de un lugar a otro ha sido tradicionalmente un método eficaz para afrontar la sequía.

Sin embargo, históricamente se ha debatido largamente si la ganadería móvil es sostenible. Algunos de los primeros críticos sostenían que la dificultad para administrar recursos comunes llevó a la acumulación excesiva de animales, ciclos erráticos, sobrepastoreo, degradación del suelo y agotamiento de los recursos hídricos[7]. Sin embargo, en las décadas de 1990 y 2000, un conjunto de pruebas crecientes sugirió que e acumulación de manadas en los años posteriores a las sequías fue un intento racional por aumentar la resiliencia general de las manadas ante las sequías subsiguientes[8]. Ahora, también existe un consenso bastante generalizado de que el pastoralismo no causa daño permanente a las tierras de pastoreo[9].

Sin embargo, esto no significa que el problema de la "capacidad de carga" de la región ya no sea pertinente. Aun cuando las estrategias de gestión de manadas de los pastoralistas sean individualmente racionales y ecológicamente sensatas, las poblaciones humanas y ganaderas han crecido rápidamente en muchas partes del Cuerno de África, y este crecimiento se ha producido sobre una base de recursos naturales fijos. En muchas partes del Cuerno, las tasas de crecimiento de población humana se han aproximado al 3% anual y las tasas de fertilidad continúan altas. A estas tasas, la población se duplicará cada 25 a 30 años.

Dadas las abundantes extensiones de tierra y las precipitaciones variables en el Cuerno de África, el desplazamiento de ganado de un lugar a otro ha sido tradicionalmente un método eficaz para afrontar la sequía.

El número cada vez mayor de seres humanos y animales parece estar incrementando la vulnerabilidad en algunas partes de esta región. Por ejemplo, los pastoralistas reportaron un 50% de reducción en el tamaño medio de las manadas en el período de 1980–1998 en el norte de Kenya, una región donde el crecimiento de la población humana fue particularmente rápido y los recursos de tierras relativamente limitados[10]. Otra investigación sugiere que el incremento de la competencia por tierras en gran parte de la región se debe principalmente al crecimiento de la población humana (en parte debido a las migraciones provenientes de zonas no pastoralistas[11]).

Las políticas y los factores institucionales también pueden contribuir a la fragmentación de las tierras y la reducción de la movilidad de las manadas. Se han realizado importantes esfuerzos para ampliar el riego en zonas pastoralistas, intentos por desarrollar sistemas de ganadería en ranchos y un consecuente desglose punto por punto de los sistemas de derechos de propiedad basados en la comunidad (por ejemplo, colocando vallas aceleradamente en tierras anteriormente comunales). En muchas de estas tendencias subyacen políticas e instituciones públicas que, por lo general, no han logrado proteger los derechos de propiedad de los pastoralistas.

Independientemente de las causas subyacentes, la pérdida de movilidad debilita intensamente la capacidad de adaptación de los pastoralistas. Las zonas con movilidad reducida han sido las más golpeadas por las recientes sequías en Kenya y Etiopía. En términos más generales, los agricultores sedentarios, habitualmente ex-pastoralistas, son más pobres y más vulnerables que los pastoralistas, precisamente porque estos utilizan la movilidad como un mecanismo de adaptación. No obstante, a pesar de que existen evidencias importantes sobre los posibles beneficios del pastoralismo en este tipo de entorno, los gobiernos centrales, que a menudo recelan de las poblaciones móviles que cruzan fronteras nacionales sin ningún tipo de control, tienden a no comprender del todo la necesidad de movilidad.

En resumidas cuentas, las razones por las que la región es aparentemente más vulnerable son mucho más complejas de lo que a menudo se cree. Sí, la sequía es un factor de gran importancia, así como el conflicto señalado con frecuencia en Somalia. Sin embargo, en estas crisis subyacen tensiones que se desarrollan más lentamente, como la reducción de las manadas y su pérdida de movilidad, y que han debilitado la resiliencia de las comunidades en la región. Identificar los orígenes más profundos de estas tensiones es lejos de ser sencillo, pero muchos observadores informados reconocen que nos encontramos ante un círculo vicioso relacionado con las interacciones entre crecimiento de la población, conflictos locales, fragmentación de la tierra y movilidad reducida[12].

AUMENTAR LA RESILIENCIA EN EL CUERNO DE ÁFRICA

Para aumentar la resiliencia en el Cuerno de África se debe encontrar un equilibrio entre fortalecer el pastoralismo (la actividad económica tradicional y aún dominante de la región) y alentar una diversificación económica acertada. En su situación actual, la región ya está más diversificada de lo que implica el rótulo de "pastoralista". Por ejemplo, en la región somalí de Etiopía, casi el 70% de los hogares participa en la cría de ganado, pero una gran proporción también produce cultivos (43,4%), leña (17,0%) y carbón (14,7%). Una cantidad más pequeña de hogares se dedica a diversas industrias artesanales, como la fabricación de esteras (6,3%), prestación de servicios (10,0%), comercio (3,8%)

y otros trabajos o empleos más generales (2,4%) [13]. Otras regiones muestran grados de diversidad similares o incluso mayores[14].

Sin embargo, los medios de subsistencia alternativos más comunes generan pocas ganancias. El agropastoralismo (un sector compuesto sobre todo por pastoralistas fracasados) típicamente reditúa considerablemente menos que el pastoralismo, en tanto que la agricultura de regadío reditúa un poco más y los medios de subsistencia urbanos más todavía (cuadro 1). El cuadro 1 encubre el hecho de que la agricultura de secano de los agropastoralistas es un medio de subsistencia extremadamente volátil, tal vez más que el pastoralismo (dado que los pastoralistas pueden sobrellevar las sequías aumentando la movilidad). Por otra parte, las principales ocupaciones secundarias de recolección y venta de productos naturales, como leña y carbón vegetal, son las que menos rinden[15]. Estas ocupaciones son por cierto una estrategia de adaptación negativa ya que dañan el medio ambiente y pueden perjudicar el pastoralismo eliminando los arbustos con que se alimenta el ganado.

Esta evidencia sugiere que si las economías pastoriles se han de diversificar, deberían hacerlo expandiendo la agricultura de regadío y aumentando la migración a zonas urbanas. Sin embargo, en el corto y mediano plazo, el problema básico es cuántos nuevos participantes pueden absorber estos medios de subsistencia alternativos. Por ejemplo, en un análisis reciente se estimó que las inversiones adicionales en riego en regiones de zonas bajas áridas y semiáridas del Este de África podrían absorber de manera rentable un mínimo del 3,2% de su población rural en 2020 y un máximo del 12,6%, según los supuestos acerca del tamaño viable de los establecimientos agrícolas y los costos de riego (cuadro 2)[16]. La cantidad porcentual absorbida podría ser ligeramente superior si las estimaciones incluyen la recolección de aguas pluviales, que esencialmente ofrece oportunidades de riego estacionales.

Pero existen razones para considerar con cautela el potencial del riego. A menudo, los sistemas de riego de tierras secas en la región han adoptado prácticas o tecnologías inadecuadas que rápidamente se han vuelto insostenibles y antieconómicas. Estos sistemas también pueden limitar el acceso de los pastoralistas a sitios clave de abastecimiento de agua y a tierras de pastoreo durante la estación seca. Además, existen dudas acerca de la sostenibilidad del riego en zonas bajas áridas y semiáridas en el contexto de los modelos de cambio climático que prevén una disminución de las precipitaciones, y también acerca de las consecuencias negativas que el riego puede tener en las comunidades vecinas[17].

La migración y la urbanización parecerían ser más prometedoras, pero el requisito previo principal para el éxito de ambas es el aumento de las inversiones en educación ya que de otro modo podrían cundir los empleos informales de poca rentabilidad o el crimen. En este momento, los resultados educativos en las zonas pastoralistas son deplorables (véase, por ejemplo, la figura 3 para Etiopía). Sin embargo, existe un enorme potencial para fomentar la educación. Mejorar la educación no solo favorece la diversificación económica y la migración, sino que también reduce las tasas de fertilidad, empodera a las mujeres, e incluso mejora la gobernabilidad local así como los servicios de sanidad animal y extensión al nivel de la comunidad. Asimismo, la distribución por edades en las zonas pastoralistas está fuertemente inclinada hacia las personas muy jóvenes, de modo que un gran esfuerzo en educación podría tener efectos de suma importancia en los próximos 10 años. Y además, la demanda de educación parece haber aumentado significativamente en las comunidades pastoralistas[18].

La movilidad y el aislamiento de los pastoralistas constituyen desafíos para el fomento de la educación, pero existen formas de superarlos, como por ejemplo por medio de internados, enseñanza a distancia y

CUADRO 1 Bienestar por tipo de medio de subsistencia en la región somalí de Etiopía, 2005

Tipo de medio de subsistencia	Ingreso medio [a]	Puntaje de diversidad de la dieta [b]	Niños inmunizados (%)	Alfabetización de los adultos (%)
Pastoralismo	217 (340)	4,3	24,4	13,7
Agropastoralismo	97 (199)	3,4	19,6	11,4
Agricultura de regadío	254 (345)	3,9	35,4	12,5
Urbano	1 081 (1 103)	6,8	49,4	49,9

Fuente: S. Devereux, *Vulnerable Livelihoods In Somali Region, Ethiopia,* Research Report No. 57 (Sussex, Reino Unido: Institute of Development Studies, 2006).

[a] El ingreso es de 2005 birr por mes. Las cifras entre paréntesis reflejan ingresos medios cuando se excluyen del cálculo los hogares con ingreso cero.

[b] El puntaje de diversidad de la dieta es el número de grupos de alimentos diferentes consumidos en las 24 horas anteriores; el indicador varía entre 0 y 13 tipos de alimentos.

CUADRO 2 Superficie regable rentable en las llanuras áridas y semiáridas de los países del este de África

Escenario de costo de riego	Aumento de rentabilidad estimado en superficies regadas (hectáreas)	Población rural proyectada para 2020 (millones)	Porcentaje de hogares con seis integrantes que podrían trabajar:	
			1 HECTÁREA REGADA	0,5 HECTÁREA REGADA
Bajo	522 850	50,0	6,3	12,6
Medio	320 689	50,0	3,9	7,8
Alto	266 085	50,0	3,2	6,4

Fuente: Cálculos estimativos de los autores en base a datos y métodos descritos en D. Headey, A. S. Taffesse, y L. You, *Enhancing Resilience in the Horn of Africa: An Exploration into Alternative Investment Options,* Documento de discusión del IFPRI 01176 (Washington, DC: Instituto Internacional de Investigación sobre Políticas Alimentarias, 2012).

escuelas móviles, aunque todos estos presentan puntos fuertes y puntos débiles. Por ejemplo, las escuelas móviles son compatibles con el pastoralismo pero la calidad de sus maestros tiende a ser deficiente y sus recursos limitados. Los internados son posiblemente más atractivos y podrían asociarse con programas de alimentación e intervenciones sanitarias en las escuelas, pero su promoción debe ser compatible con las normas culturales y religiosas.

La distribución por edades en las zonas pastoralistas está fuertemente inclinada hacia las personas muy jóvenes, de modo que un gran esfuerzo en educación podría tener efectos de mucho alcance.

Las intervenciones sanitarias y nutricionales también son métodos importantes para fortalecer el capital humano. Si bien la malnutrición crónica (que se refleja en baja talla) es relativamente escasa en las zonas pastoralistas, la malnutrición aguda (que se refleja en emaciación) es por lo general extremadamente alta[19] debido a las graves condiciones de sequía y la escasez aguda de alimentos, así como al acceso extremadamente deficiente a servicios de salud (recuérdense las bajas tasas de inmunización en el cuadro 1). Una salud y una nutrición adecuadas no solo son importantes de por sí, sino que también son necesarias para mejorar la asistencia a la escuela y el desempeño escolar, de modo que una estrategia más general para el desarrollo del capital humano en la región habrá de generar dividendos altos. Además, las intervenciones sanitarias ocupan el primer lugar entre las prioridades de desarrollo de los mismos pastoralistas[20].

Pese a que la diversificación de las economías de la región es un factor esencial, también es importante lograr que el pastoralismo sea más rentable y resiliente por dos razones. La primera de ellas es que las estrategias de diversificación llevan tiempo en dar frutos y su capacidad para absorber más personas en el futuro próximo es limitada. La segunda es que la ganadería móvil tiene una ventaja comparativa en una región de abundantes tierras con precipitaciones volátiles. De hecho, el comercio de ganado en la región ha obtenido en cierto modo buenos resultados. Durante la década de 1990, las exportaciones ganaderas de Somalia a Kenya se duplicaron[21]. En la década de 2000, las exportaciones ganaderas formales de Etiopía aumentaron de solo US$8 millones en 2004 a ligeramente más de US$200 millones en 2010[22]. Gran parte de las exportaciones ganaderas de Etiopía (de 90 a 95%) provienen de zonas ganaderas[23]. Estas tendencias positivas se explican por la fuerte demanda en el extranjero y precios más altos.

Pero, ¿cómo puede desarrollarse aún más el sector ganadero de una manera que beneficie a los pobres? Las iniciativas para desarrollar el pastoralismo se centraron en la comercialización (alentando un mayor compromiso con los mercados) y en una mejor gestión de las sequías, pero existen pocas pruebas de que las intervenciones en la comercialización en el Cuerno de África hayan beneficiado a los pobres (en parte por la debilidad de la base de pruebas[24]). Además, hay señales de que la desigualdad en las zonas pastoralistas podría estar aumentando. Los pastores con manadas grandes participan cada vez más en los mercados extranjeros y se adaptan relativamente bien a la sequía, mientras que a los ganaderos pobres les es a menudo imposible vender su ganado antes de la sequía, perdiendo posteriormente la mayor parte de sus manadas. Estos ex pastoralistas se ven por lo tanto forzados a trabajar como pastores

FIGURA 3 Situación de alfabetización en Etiopía por distritos pastoralistas y no pastoralistas

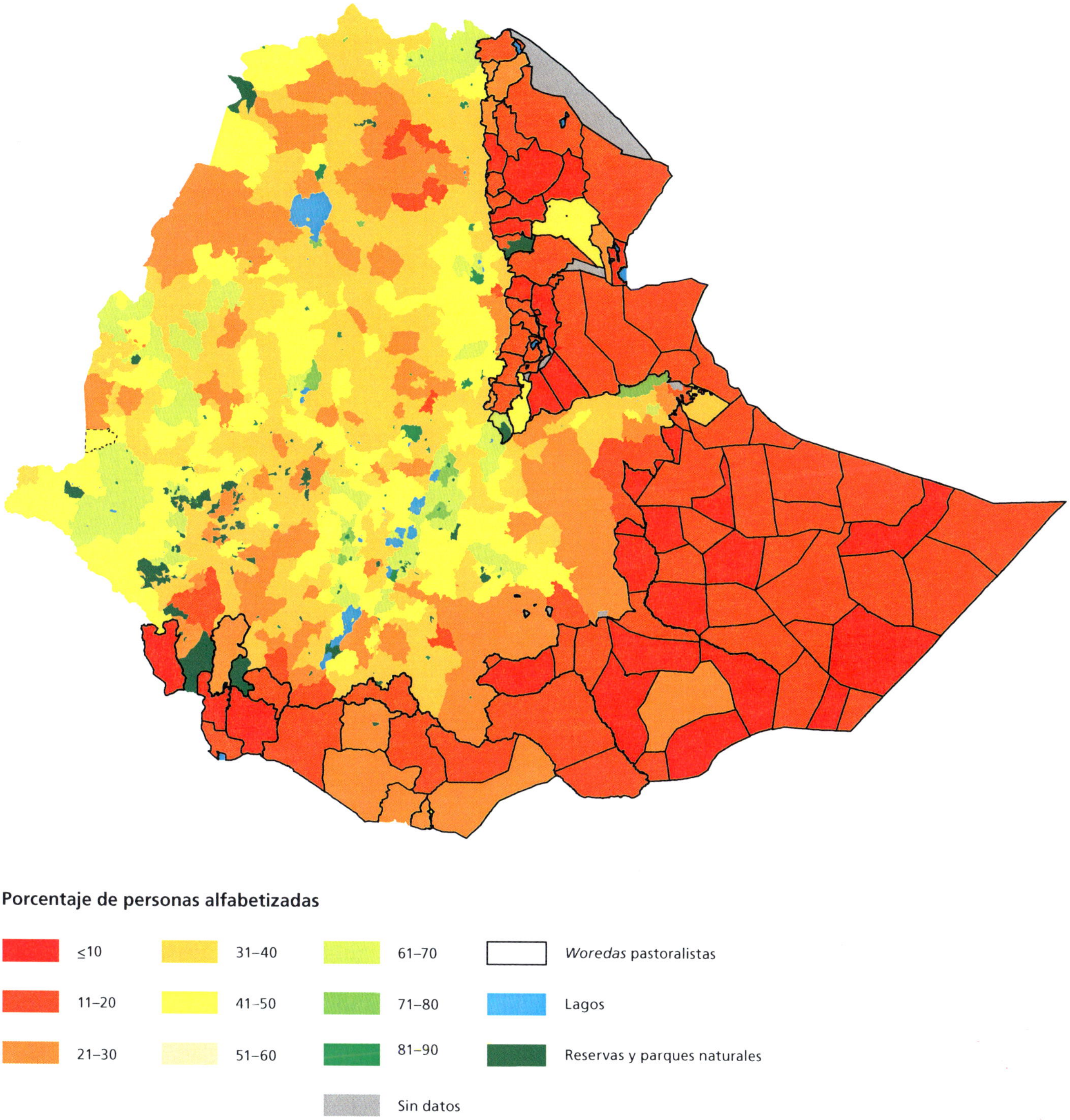

Fuente: Interpretación del autor basada sobre datos de la Agencia Central de Estadísticas de Etiopía. **Nota:** Un *woreda* es un distrito.

Si se mejorara el acceso a los mercados y su integración, los pastoralistas podrían comprar y vender animales antes de una sequía, en lugar de perder su ganado debido a la mortalidad inducida por la sequía.

contratados, en agropastoralismo u otras actividades de baja rentabilidad.

Si se mejora el acceso a los mercados y su integración, los pastoralistas podrían comprar y vender animales antes de una sequía, en lugar de perder su ganado debido a la mortalidad inducida por la sequía. Para lograrlo, la infraestructura vial es evidentemente prioritaria, más si se tiene en cuenta la necesidad de que dichas inversiones resulten estratégicas y rentables en zonas de baja densidad de población. Los sistemas de información podrían desarrollarse mejor a fin de ofrecer pronósticos y alertas tempranas sobre condiciones climáticas, precios de ganado y otros datos pertinentes, tanto para operadores como para pastoralistas (como por ejemplo, preavisos sobre remates de ganado). Se han usado teléfonos celulares para difundir alertas tempranas e información de precios, pero podría hacerse mucho más para que los mercados sean más competitivos. En los mercados ganaderos más pequeños, a menudo los operadores parecen tener más poder de negociación que los pastoralistas, quienes no pueden permitirse el lujo de hacer la travesía de regreso a sus tierras de pastoreo con los animales que no han vendido. Una solución podría ser establecer días de mercado específicos y migrar a un sistema de remates[25]. En teoría, estos simples cambios institucionales deberían elevar los precios que reciben los pastoralistas e incluso impulsar una comercialización más amplia del sector.

También se necesitan cambios en las actividades comerciales y de sanidad animal para lograr que el sector ganadero sea más viable. La mayoría de las exportaciones ganaderas de la región sigue siendo informal, en parte debido a las onerosas reglamentaciones y la deficiente infraestructura aduanera[26]. En Etiopía, las intervenciones de emergencia en sanidad animal tienen habitualmente poca rentabilidad, ya que las principales limitaciones en temporadas de sequía son el alimento y el agua[27]. Sin embargo, es extremadamente importante mejorar la sanidad de los animales en épocas normales tanto para proteger y fortalecer este activo doméstico clave como para evitar el contagio de enfermedades y las consiguientes prohibiciones a la exportación de ganado, que pueden imponer un costo económico muy pesado a la región.

También será de importancia fundamental contar con una mejor gestión y reglamentación de la tierra y los recursos hídricos. Además de sufrir los efectos de los conflictos por la tierra y el agua, los pastores han sentido los impactos negativos de los planes de riego, el "acaparamiento de tierras" y la protección, generalmente deficiente, de los derechos de propiedad de la comunidad. Estas políticas agrarias no solo son injustas sino que también resultan ineficientes debido a que inhiben el desempeño del sector ganadero e interfieren con el principal mecanismo que utilizan los pastoralistas para sobrellevar la sequía. Este registro refleja la marginación generalizada de las comunidades pastoralistas de parte de los gobiernos nacionales. Sin embargo, en años recientes, se desarrollaron diversas intervenciones e instituciones para reparar esta marginación[28] y se avanzó considerablemente en la resolución de conflictos locales, incluidas reglamentaciones pastoreo y recursos hídricos[29].

Finalmente, la necesidad de contar con estrategias basadas en las pruebas existentes es un tema constante en todos los aspectos de las estrategias de desarrollo en la región. Hasta los investigadores con más experiencia en el Cuerno de África reconocen la falta de información sobre qué funciona y qué no. El desarrollo de estrategias basadas sobre evidencias significa poner a prueba innovaciones tecnológicas e institucionales para hacer frente a los problemas de la región y luego evaluar rigurosamente esas innovaciones. Las ideas y tecnologías pertinentes pueden importarse de los sistemas ganaderos extensivos de otros lugares del mundo, como África, Australia, Asia central y China, el Medio Oriente y América del Norte. Las nuevas tecnologías podrían incorporar una mayor utilización de teléfonos celulares para noticias comerciales y de alerta temprana, información meteorológica obtenida por satélites sobre precipitaciones y disponibilidad de pasturas, seguros ganaderos basados sobre índices, y semillas mejoradas. Las innovaciones institucionales podrían incorporar mejores reglamentaciones más apropiadas sobre fuentes de agua, la creación de corredores ganaderos (especialmente donde existen planes de riego), inversiones estratégicas en infraestructura conectadas más eficientemente a los centros ganaderos, intervenciones en la cadena de valor (como por ejemplo, engorde de ganado), escuelas y clínicas móviles, así como asociaciones públicas y privadas para alentar la inversión privada en la región. Todos estos planes podrían ayudar a paliar las desventajas de las distancias y de los caprichos del clima, pero para lograr un mejor entendimiento de lo que funciona y lo que no, será necesario realizar mayores experimentaciones y evaluaciones más rigurosas.

CÓMO SEGUIR ADELANTE

Las grandes crisis climáticas en el Cuerno de África son inevitables, pero la vulnerabilidad de los seres humanos a estas crisis no lo es. La promoción de la transformación social, económica y ecológica en la región podría aumentar la resiliencia ante estas crisis y paliar las tensiones de movimiento más lento que también menoscaban el progreso en el Cuerno de África. Para lograr esa resiliencia es necesario aumentar las inversiones tanto en sectores ganaderos como no ganaderos, ampliar rápidamente la infraestructura y el capital humano, realizar mejoras sinérgicas en la gestión del riesgo de desastres y las intervenciones de desarrollo, así como mejorar la gobernabilidad y las iniciativas de resolución de conflictos. Los instrumentos exactos para lograr estos resultados son menos obvios, pero inevitablemente deben ser producto de la innovación, la experimentación y, por sobre todo, el compromiso político. ■

Capítulo 4

CAMBIO CLIMÁTICO Y AGRICULTURA

AVANCES MODERADOS, NUEVAS EVIDENCIAS REVELADORAS

Gerald C. Nelson y Tolulope Olofinbiyi, IFPRI

EL AÑO 2011 TRAJO CONSIGO TANTO BUENAS como malas noticias con respecto al cambio climático y la agricultura. La buena noticia es que después de que se tomaron los primeros pasos para reconstruir la confianza en las negociaciones de las Naciones Unidas sobre cambio climático en Cancún en diciembre de 2010, se lograron progresos adicionales en Durban en 2011. Además, fuera del proceso formal de negociaciones, muchos países comenzaron a instrumentar sus propios mecanismos para reducir las emisiones de gases de efecto invernadero y adaptarse a algunos cambios climáticos que, cada vez más, parecen inevitables.

La mala noticia incluye evidencias cada vez más contundentes de que el cambio climático ya ha repercutido en la productividad agrícola[1] y, en las próximas décadas, ejercerá una presión aun mayor sobre la agricultura. Los sucesos meteorológicos extremos y sin precedentes de 2011 permitieron vislumbrar los desafíos que traerá consigo el cambio climático. Los agricultores de todo el mundo necesitarán adaptarse a temperaturas más altas y a modelos de precipitaciones cambiantes. Además, la variabilidad climática seguramente causará reducciones en la producción mundial de alimentos, exacerbando los problemas actuales de pobreza, inseguridad alimentaria y malnutrición. Es más, las emisiones de gases de efecto invernadero que habían disminuido tras la crisis financiera mundial están ahora aumentando rápidamente una vez más, agudizando el desafío del cambio climático para la seguridad alimentaria.

RECONSTRUCCIÓN LENTA DE LA CONFIANZA EN LAS NEGOCIACIONES INTERNACIONALES

Los delegados ante la Convención Marco de las Naciones Unidas sobre el Cambio Climático llegaron a Copenhague en diciembre de 2009 con gran optimismo. Pensaron que podrían llegar a un acuerdo para reducir las emisiones de gases de efecto invernadero y brindar ayuda económica a los países en desarrollo para adaptarse al cambio climático. Se había programado que la mayor parte de los líderes del mundo llegaría en la segunda semana para participar entonces en las negociaciones políticas finales necesarias para concluir el acuerdo. Sin embargo, cuando se llegó a esa semana, fue claro que el acuerdo estaba bien lejos de poder cerrarse. Ante el inminente

RECUADRO 5

Mejores herramientas para hacer frente al cambio climático

Bruce Campbell, Programa de Investigación del CGIAR sobre el Cambio Climático, la Agricultura y la Seguridad Alimentaria

Los agricultores y los diseñadores de políticas de los países en desarrollo necesitan apoyo en sus esfuerzos de ajuste a los cambios globales del clima. Deben poder contar con pruebas que les permitan comparar las ventajas y desventajas de las diferentes estrategias y políticas. La meta del Programa de Investigación del CGIAR sobre el Cambio Climático, la Agricultura y la Seguridad Alimentaria (CCAFS, por sus siglas en inglés), que comenzó a funcionar plenamente en 2011, es ofrecer ese apoyo sobre la base de las pruebas provenientes de la investigación. Inevitablemente, ajustarse al cambio climático significará encontrar un balance entre seguridad alimentaria, medios de subsistencia y medio ambiente tanto en varios niveles, desde la base y siguiendo los pasillos del poder. Las investigaciones sólidas ayudarán a los diseñadores de políticas, los agricultores y otras personas afectadas por el cambio climático a comprender las consecuencias de sus decisiones cuando deban hacer concesiones difíciles.

El cambio climático progresivo amenaza a los agricultores de los países en desarrollo, pues ellos necesitan adaptar sus prácticas agrícolas a los cambios inminentes para poder sobrevivir. Los estudios realizados por científicos del Programa CCAFS y publicados en el libro *Crop Adaptation to Climate Change* (Adaptación de los cultivos al cambio climático) describen cómo el cambio climático podría amenazar la producción de importantes cultivos alimentarios como papas, frijoles, bananas y mandioca, y la forma en que las estrategias de adaptación específicas, como la introducción de nuevas variedades de plantas, podrían neutralizar o al menos reducir considerablemente su impacto[1]. Como parte del trabajo del Programa sobre el proceso de adaptación mediante la gestión de los riesgos climáticos, los investigadores han capacitado a agricultores en la interpretación de pronósticos climáticos estacionales en África Oriental y Occidental. Los investigadores del Programa también realizaron un estudio sobre lugares críticos expuestos al cambio climático y la inseguridad alimentaria en los trópicos del mundo (*"Mapping Hotspots of Climate Change and Food Insecurity in the Global Tropics"*) con el propósito de identificar las zonas de inseguridad alimentaria que son más vulnerables a los efectos del cambio climático futuro en las regiones prioritarias de los centros CGIAR[2]. En una serie de cursos prácticos y documentos afines se analizó cómo las nuevas tendencias en las instituciones, los arreglos de derechos de propiedad y las tecnologías agrícolas podrían mejorar los medios de subsistencia y reducir las emisiones de gases de efecto invernadero[3]. Como parte de su tarea continua en materia de género, el Programa otorgó becas a seis mujeres científicas que trabajan en regiones clave del Programa para estudiar las relaciones entre género, cambio climático, agricultura y seguridad alimentaria[4].

El cambio climático se incluyó en los programas de trabajo de muchas instituciones internacionales en 2011, como por ejemplo dos grandes conferencias: la Convención Marco de las Naciones Unidas sobre el Cambio Climático en Durban, Sudáfrica, y la Conferencia Internacional sobre Cambio Climático y Seguridad Alimentaria en Beijing, China. Algunas organizaciones agrícolas clave (como por ejemplo, este Programa, el Banco Mundial y el FIDA) coordinaron el Día de la Agricultura y el Desarrollo Rural, una actividad paralela a la conferencia de las Naciones Unidas que se concentró en galvanizar la ayuda internacional para crear un nuevo programa de trabajo sobre adaptación y mitigación agrícolas ante el cambio climático.

La labor del Programa en 2011 se concentró en evaluar y desarrollar las estrategias de investigación pertinentes que tendrán el mayor impacto. Por ejemplo, los investigadores elaboraron un cuestionario de valores de base sobre la seguridad alimentaria y la adaptación al clima que abarcó más de 5.000 hogares en más de 250 aldeas de 36 localidades en 12 países de África Oriental y Occidental y Asia Meridional[5]. La información recopilada el año pasado ayudará a proporcionar a los encargados de formular las políticas resultados basados en pruebas y herramientas útiles para diseñar y probar métodos de adaptación y mitigación. Cuando completen su trabajo, los investigadores podrán informar si determinadas técnicas resultaron satisfactorias. El Programa también creó una Red de Conocimientos sobre la Adaptación y Mitigación al Cambio Climático, un servicio de información y una herramienta fundamental para profesionales, donantes, diseñadores de políticas e investigadores interesados en la seguridad alimentaria y el cambio climático. La Red es una plataforma de Internet basada en mapas donde se reúnen datos acerca del clima, la agricultura e información socioeconómica. Utiliza un sistema de multimedios para compartir anécdotas de agricultores que residen en los sitios de investigación en los trópicos.

El cambio climático repercute en la agricultura y la seguridad alimentaria de diversas formas, de modo que la elección de las mejores técnicas de mitigación y adaptación exige investigaciones minuciosas. El Programa de Investigación sobre el Cambio Climático, la Agricultura y la Seguridad Alimentaria del CGIAR aportó pruebas importantes en 2011, pero esto es solo el comienzo de una tarea que debe ir más allá de un único programa de investigación para asociar la complejidad del cambio climático con su propio alcance y profundidad.

arribo de varios jefes políticos el viernes, día oficial de clausura, era muy importante que los negociadores mantuvieran discusiones de muy alto nivel para llegar a algún tipo de entendimiento. Después de varias noches sin dormir, los negociadores tomaron nota de un documento denominado Acuerdo de Copenhague, producto de varias reuniones de alto nivel. Este acuerdo consagró la meta de mantener en 2° C el aumento de temperatura medio y para ello comprometió US$10.000 millones por año por parte de los países desarrollados durante los siguientes tres años, aumentando esta cifra a US$100.000 millones anuales para 2020, con el propósito de ayudar a los países pobres a adaptarse al cambio climático. Sin embargo, ninguno de estos compromisos era vinculante, y no resulta claro si alguno de ellos se cumplió o se cumplirá.

Aunque en términos generales las negociaciones de Copenhague no tuvieron éxito, marcaron el inicio de un esfuerzo por incluir a la agricultura formalmente en los resultados de las negociaciones con la creación del primer Día de la Agricultura y el Desarrollo Rural, que ofrece un ámbito de reunión para todos aquellos que se preocupan por los desafíos del cambio climático para la agricultura. Fue allí donde se observaron por primera vez los distintivos con la consigna "No agriculture, no deal!" (Sin agricultura, ¡no hay trato!) que se ven cada vez más en las negociaciones de las Naciones Unidas.

En el período de sesiones de la Convención al año siguiente, los delegados arribaron a Cancún a fines de noviembre de 2010 con muy pocas expectativas y sin que se previera la asistencia de una gran cantidad de jefes de estado. Pese a esas bajas expectativas iniciales, se lograron resultados finales importantes. Los negociadores aprobaron una gran cantidad de documentos a los que, en conjunto, se les dio el nombre de Acuerdo de Cancún. Algunos de los elementos más importantes fueron la reafirmación de la meta de 2° C de aumento de temperatura, mejores requisitos de presentación de informes y el inicio de un proceso para diseñar un Fondo Verde para el Clima. Se celebró el segundo Día de la Agricultura y el Desarrollo Rural, y los delegados insistieron en persuadir a los negociadores de incluir formalmente a la agricultura en todos los resultados, y pidieron también que se aprobara un programa de trabajo oficial sobre la agricultura. Lamentablemente, el programa de trabajo no pudo elaborarse completamente en los días finales de las negociaciones ya que quedó atrapado en los desacuerdos sobre si se deberían identificar sectores individuales, así como por la percepción de algunos negociadores que un programa de trabajo se enfocaría solamente a la mitigación descuidando el problema de la adaptación.

La ronda de negociaciones de Durban 2011 fue ampliamente percibida como particularmente importante para África, ya que un acuerdo exitoso tendría consecuencias positivas en el continente; en efecto, es muy probable que África será profundamente perjudicada por el cambio climático[2] y, por consiguiente, tendría mucho que ganar con resoluciones satisfactorias. Uno de los principales desafíos fue el inminente vencimiento del Protocolo de Kyoto en 2012. El protocolo fijó metas de emisiones de gases vinculantes para la mayoría de los países desarrollados (Estados Unidos no firmó el protocolo y, por tanto, no es parte de los compromisos de reducción de emisiones). Sin una prorrogación del protocolo, los países ya no estarían legalmente obligados a reducir sus emisiones.

Como el cambio climático amenaza particularmente a la agricultura africana, se hizo un esfuerzo especial para persuadir a los negociadores de incluir un programa de trabajo oficial sobre agricultura. Las actividades del tercer Día de la Agricultura y el Desarrollo Rural se organizaron alrededor de esa meta, y algunas figuras públicas importantes, como el ex Secretario General de las Naciones Unidas Kofi Annan y Jacob Zuma, presidente de Sudáfrica, insistieron en que los negociadores aprobaran el programa de trabajo sobre agricultura.

> Si bien las negociaciones de Copenhague no tuvieron éxito en términos generales, lograron marcar el inicio de un esfuerzo por incluir a la agricultura formalmente en los resultados de las negociaciones.

Llegado el último viernes de las negociaciones, todavía resultaba poco claro si se llegaría a algún resultado. Pero los negociadores aceptaron seguir trabajando y prolongaron la sucesión de noches sin dormir para finalizar su trabajo el domingo por la mañana. El resultado de este esfuerzo recibió el nombre de Plataforma de Durban para una acción reforzada. Uno de los elementos fundamentales de la plataforma es que todos los firmantes de Kyoto, más los Estados Unidos, acordaron forjar antes de 2015 un tratado en el que se agruparía a todos los países, desarrollados o en desarrollo, en un acuerdo jurídicamente vinculante por celebrarse antes de 2020. Por primera vez, China y la India, dos de los emisores de gases de efecto invernadero más grandes del mundo, aceptaron este principio. Se creó formalmente el Fondo Verde para el Clima, que está actualmente a la espera de contribuciones por parte de los países miembros. Se aprobó un segundo período de compromiso para el Protocolo de Kyoto, con metas de reducción por determinarse en una reunión en 2012. Sin embargo, Canadá, uno de los países importantes que firmó el primer período de compromiso, anunció que no participaría en el segundo período, y otros países desarrollados expresaron que podrían seguir su ejemplo. Finalmente, si bien los negociadores no adoptaron un programa de trabajo oficial sobre agricultura, por lo menos aprobaron un procedimiento para elaborar un programa de trabajo a ser aprobado en el siguiente período de sesiones de negociaciones, las cuales se llevarán a cabo en Qatar a partir de fines de noviembre de 2012.

PROGRESANDO POR CUENTA PROPIA FUERA DE LAS NEGOCIACIONES FORMALES

Pese a que el proceso de las negociaciones oficiales es extremadamente lento, los países de todo el mundo están comenzando a dedicar una considerable cantidad de recursos a las actividades de adaptación y mitigación agrícolas que podrían brindar grandes beneficios en la actualidad y llevar a una mayor resiliencia en el futuro.

India

La India sigue presentando programas de adaptación en el plano tanto nacional como estatal. Las actividades de adaptación en diferentes regiones del país incluyen iniciativas para mejorar y diversificar los cultivos, preservar las tierras, desarrollar cuencas hidrográficas, administrar el agua de riego y mejorar la gestión de desastres, por ejemplo mediante medidas de protección contra sequías e inundaciones. Un ejemplo de dichas medidas es un proyecto de cuenca diseñado en la comunidad de Kothapally en Andhra Pradesh, India, para encontrar soluciones de conservación de agua a bajo costo con el objetivo de mejorar el rendimiento de los cultivos en situaciones de sequía. Este proyecto de largo plazo, desarrollado por el Instituto Internacional de Investigación de Cultivos para Zonas Tropicales Semiáridas a pedido del gobierno de Andhra Pradesh, fue diseñado con la colaboración de la comunidad y está administrado por ella. Un reciente estudio de impacto demostró que las prácticas de gestión de agua del proyecto mejoraron la capacidad de infiltración y retención de agua del suelo, aumentando la disponibilidad de agua entre 10 y 30% y elevando el rendimiento de los cultivos. El estudio sugiere que la implementación a gran escala de intervenciones para el agua utilizada en agricultura puede aumentar considerablemente la productividad agrícola y mejorar los medios de subsistencia de los agricultores[3]. Sin embargo, todavía queda mucho por hacer para aumentar la adaptación de los sistemas agrícolas en la India, porque se anticipa que las amenazas del cambio climático a la productividad serán cada vez más intensas. Deben considerarse estrategias de adaptación adicionales, como el uso más eficiente del agua, la promoción de tecnologías ecológicas, cambios en los modelos de cultivo y seguros agrícolas, así como la integración de los programas de adaptación y mitigación en las estrategias agrícolas nacionales.

China

El gobierno de China, que lanzó un Programa de Cambio Climático nacional en 2007, estudió varias estrategias y actividades para ayudar al sector agrícola a adaptarse al cambio climático[4]. Algunas de las iniciativas incluyen mejoras en la infraestructura agrícola así como mayores inversiones en investigación y desarrollo de nuevas tecnologías. Con el propósito de mejorar la infraestructura agrícola, el gobierno ha acelerado la construcción de proyectos de riego que permiten ahorrar agua. Como parte de las soluciones de financiación especiales establecidas para la adaptación al cambio climático, China invirtió en nuevas tecnologías como la siembra de nubes para provocar precipitaciones confiables. El gobierno también aumentó la cantidad de proyectos experimentales sobre diferentes tipos de pólizas de seguro. Debido a que estas iniciativas son recientes, su eficacia todavía no ha podido evaluarse y documentarse.

Kenya

Un estudio reciente realizado en cuatro zonas agroecológicas de Kenya demuestra que existen prácticas agrícolas en las que se benefician todas las partes, y que estas prácticas pueden ofrecer resultados positivos en términos de adaptación, mitigación y rentabilidad. Por ejemplo, cuando los pequeños productores pobres adoptan prácticas de gestión agrícola sostenibles, no solo aumentan su resiliencia al cambio climático y a la variabilidad meteorológica, sino que contribuyen directamente a reducir las emisiones de gases de efecto invernadero y a aumentar la productividad y rentabilidad agrícolas. Se demostró que, en particular, la gestión de nutrientes del suelo, aplicando combinaciones de fertilizante inorgánico, mantillo y estiércol, aumenta el rendimiento de los cultivos, las reservas de carbono en el suelo y los ingresos de la producción agrícola. De modo parecido, la alimentación del ganado lechero con pienso mejorado reduce las emisiones de metano por litro de leche y aumenta la rentabilidad en la mayoría de las regiones de Kenya. Estas prácticas optimizadas pueden permitir a los productores ganaderos reducir la cantidad de cabezas de ganado y disminuir las emisiones generales, al tiempo que

FIGURE 1 Emisiones de dióxido de carbono en países desarrollados y en desarrollo, 1990-2010 (PgC)

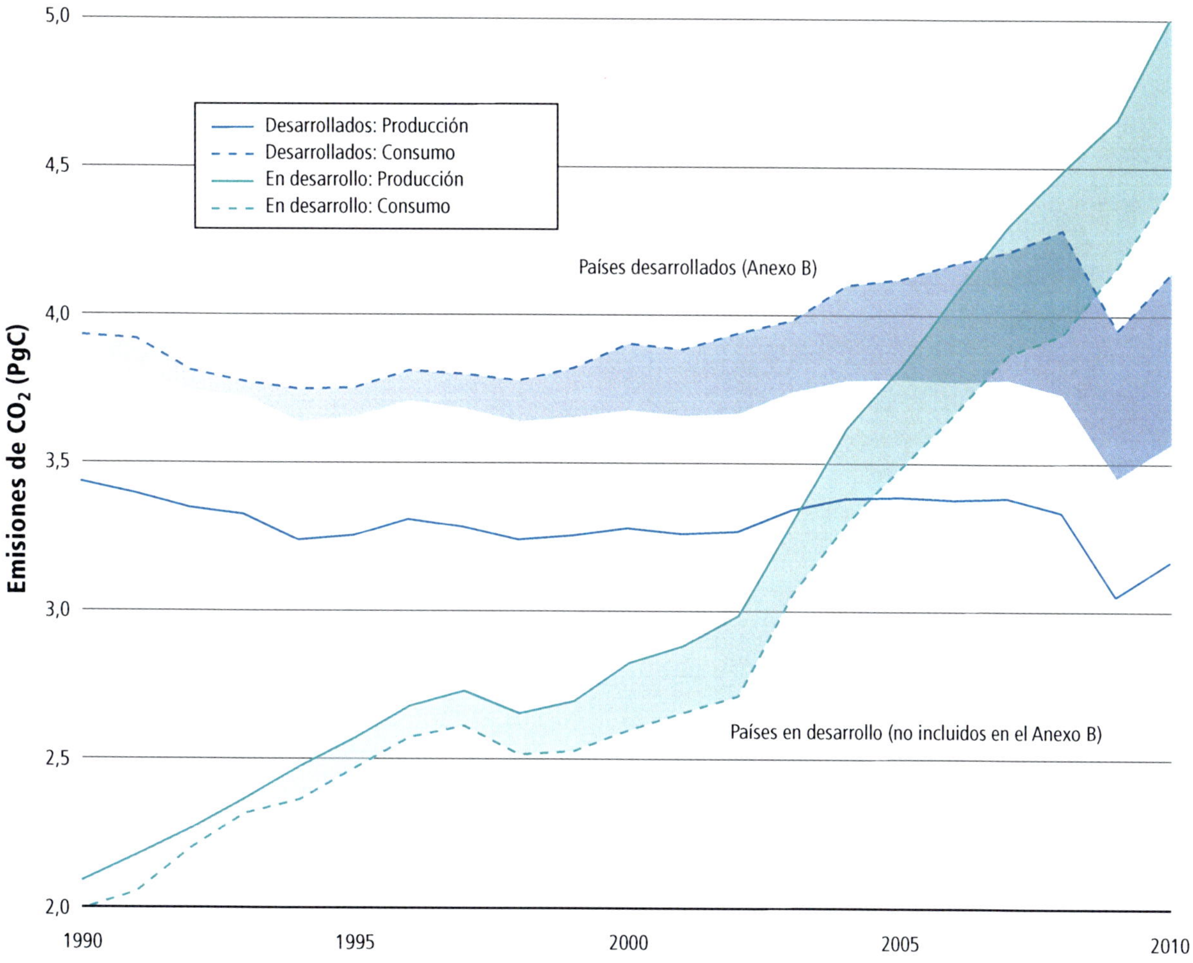

Fuente: Figura 2 en G. P. Peters, G. Marland, C. Le Quéré, T. Boden, J. G. Canadell y M. R. Raupach, "Rapid Growth in CO2 Emissions after the 2008–2009 Global Financial Crisis", *Nature Climate Change* 2, núm. 1 (2012): 2–4, doi:10.1038/nclimate1332. **Nota:** Las emisiones de dióxido de carbono son para combustibles fósiles.

aumentan la producción de alimentos y la seguridad alimentaria. En la zona árida, los agricultores pueden usar métodos de riego y conservación de suelos y agua para maximizar el carbono del suelo y las utilidades agrícolas. Sin embargo, falta tiempo para que puedan aprovecharse estratégicamente las prácticas que benefician así a todos los concernidos. Para ello será necesario reforzar la capacidad de las personas responsables de tomar decisiones en el nivel nacional para asegurar que incluyan explícitamente la adaptación al cambio climático y la mitigación de este en sus estrategias y políticas de productividad agrícola y seguridad alimentaria. También se deberá mejorar el acceso de los agricultores a recursos financieros, como mercados voluntarios de carbono y fondos de adaptación y mitigación[5].

NUEVAS PRUEBAS DE CÓMO LA AGRICULTURA SE VE AMENAZA POR EL CAMBIO CLIMÁTICO

A fin de ilustrar los desafíos que presenta la mitigación de las emisiones de gases de efecto invernadero, en la figura 1 se comparan las tendencias en las emisiones nacionales de dióxido de carbono en países desarrollados y en desarrollo. En los países desarrollados, las emisiones que se deben a la producción nacional se mantuvieron relativamente estables en los últimos 30 años, con una marcada caída en 2008 como resultado de la crisis en la economía mundial que redujo la actividad económica. Las emisiones originadas en el consumo continuaron aumentando como emisiones asociadas a las importaciones producidas en países en desarrollo.

Investigaciones recientes indican fuertemente que el aumento de temperatura, junto con los cambios en las precipitaciones que lo acompañan, ya han tenido efectos evidentes en la agricultura.

En marcado contraste, las emisiones de los países en desarrollo aumentaron drásticamente, superando a fines de la década de 2000 a las de los países desarrollados. La zona sombreada en color verde indica que una porción considerable y cada vez mayor de las emisiones de los países en desarrollo se origina en la producción para la exportación a países desarrollados, pero las emisiones que se deben al consumo interno superaron las del consumo de los países desarrollados. Esta situación hace cada vez más evidente que los países en desarrollo no deben ser excluidos de los compromisos nacionales de reducir las emisiones, como sucedió en el Protocolo de Kyoto. A medida que aumentan los ingresos en los países en desarrollo, estos deben dedicarse a buscar estrategias de desarrollo para reducir sus emisiones.

Los científicos especializados en el clima están cada vez más seguros de la relación entre las recientes emisiones antropógenas de gases de efecto invernadero y el incremento de las temperaturas, como las sufridas en Iowa, en el centro del "cinturón maicero" de los Estados Unidos. Los investigadores demostraron cómo las altas temperaturas amenazan la producción de maíz en los Estados Unidos, utilizando como base un detallado análisis estadístico de rendimientos reales del maíz entre 1950 y 2005[6]. Sus hallazgos demuestran que a medida que las temperaturas medias en la temporada de crecimiento aumentan a 28 °C, los rendimientos se ven relativamente poco afectados. Sin embargo, una vez que las temperaturas exceden el umbral de aproximadamente 30 °C, los rendimientos se desploman precipitadamente. Otro estudio realizado con datos experimentales exhaustivos para el maíz, obtenidos de los ensayos realizados en África Subsahariana por el Centro Internacional de Mejoramiento de Maíz y Trigo, arrojó resultados más o menos similares[7]. En condiciones de gestión óptima, si la temperatura media durante la temporada de crecimiento es inferior a 22 °C, un aumento de 1 °C en la temperatura tiene poco efecto, pero sigue siendo positivo para el rendimiento. Pero si la temperatura media en la temporada de crecimiento excede 25 °C, el efecto se torna negativo y causa una caída de aproximadamente el 30% en el rendimiento. Y, durante una sequía, las caídas de rendimiento comienzan a temperaturas más bajas y pueden superar el 40%.

Otras investigaciones recientes enfatizan que el aumento de temperatura en la segunda mitad del siglo XX y los primeros años del siglo XXI, así como los

FIGURA 2 **Cambio en la temperatura durante la estación de crecimiento, 1980-2008**

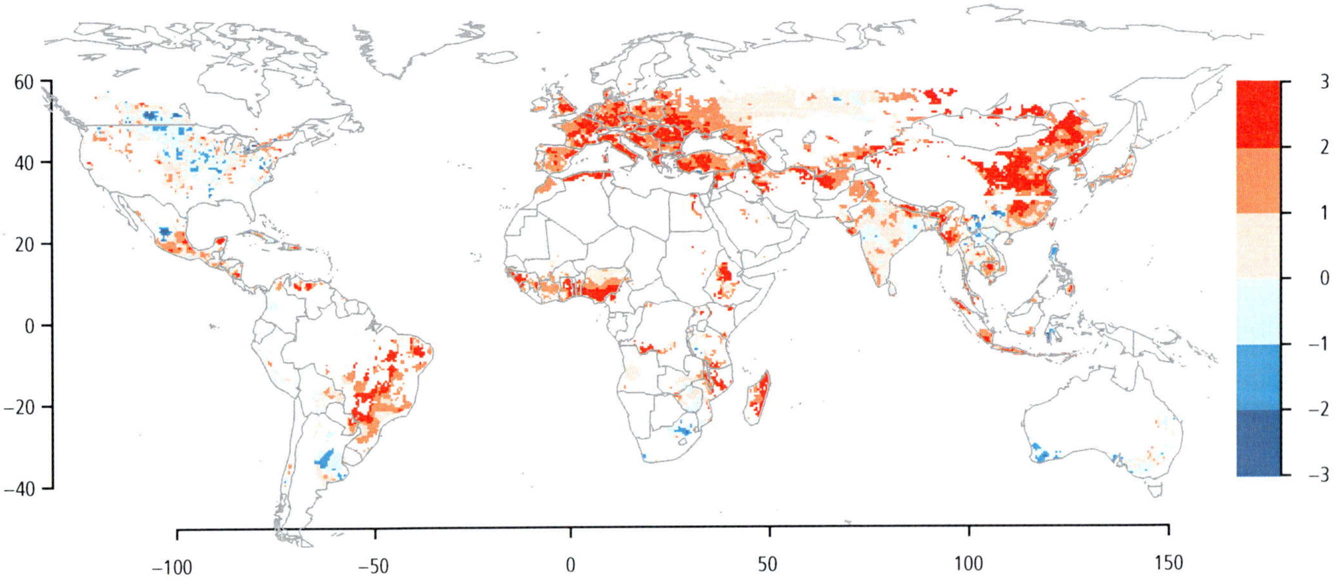

Fuente: Figura 1 en D. B. Lobell, W. Schlenker y J. Costa-Roberts, "Climate Trends and Global Crop Production since 1980", *Science* 333, núm. 6042 (2011): 616–620, doi:10.1126/science.1204531.

FIGURA 3 **Impacto neto estimado de tendencias climáticas para 1980-2008 en el rendimiento de los cultivos, dividido por la tendencia de rendimiento general**

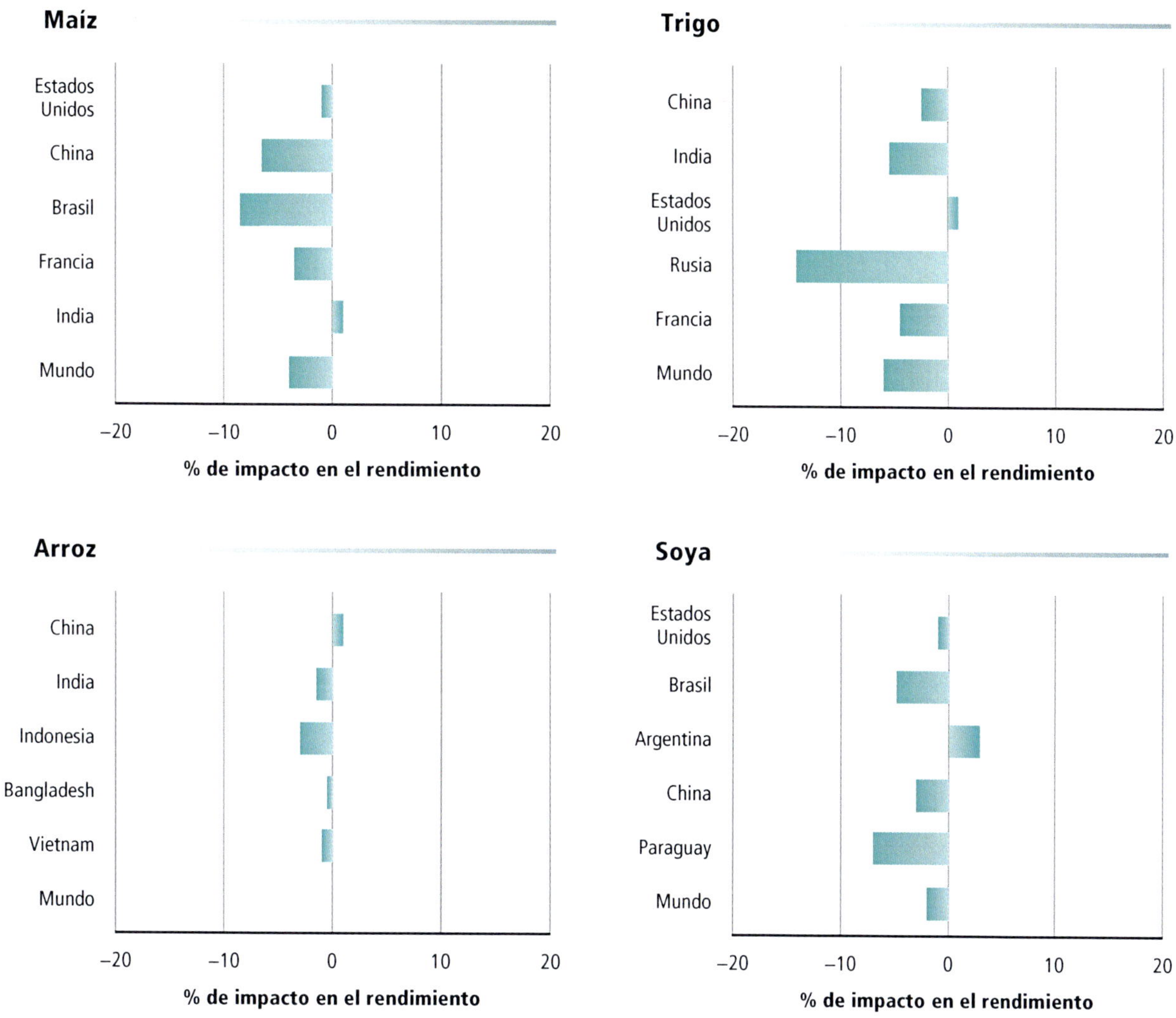

Fuente: Figura 3 en D. B. Lobell, W. Schlenker y J. Costa-Roberts, "Climate Trends and Global Crop Production since 1980", *Science* 333, núm. 6042 (2011): 616–620, doi:10.1126/science.1204531.

cambios relacionados en términos de precipitaciones, ya han tenido efectos evidentes en la agricultura. Pese a que la temperatura en la temporada de crecimiento solo cambió ligeramente en América del Norte entre 1980 y 2008, podría aumentar drásticamente en otras partes del mundo, especialmente en China y Europa (figura 2).

Las consecuencias de los diferentes aumentos de temperatura pueden observarse claramente en los cambios de rendimiento (figura 3). En el caso del maíz, el cambio climático no tuvo prácticamente efecto alguno en las tendencias de rendimiento de los Estados Unidos, en tanto que redujo sustancialmente el aumento del rendimiento en Brasil, China y Francia. Sin embargo, en algunos países, la producción de cultivos regionales resultó beneficiada por las temperaturas más altas. La zona de cultivo se desplazó hacia el norte para el maíz en los Estados Unidos, el arroz en China y el trigo en Rusia.

LOS DESAFÍOS PARA LA SEGURIDAD ALIMENTARIA

Todavía son inciertos los cambios exactos en temperatura y precipitaciones que causará el cambio climático, así como el contexto en que se producirán estos cambios. Por consiguiente, para diseñar políticas que permitan proteger a las poblaciones vulnerables a los cambios climáticos y aumentar la posibilidad de lograr una seguridad alimentaria sostenible, resulta

FIGURA 4 Escenarios de cambio climático y seguridad alimentaria

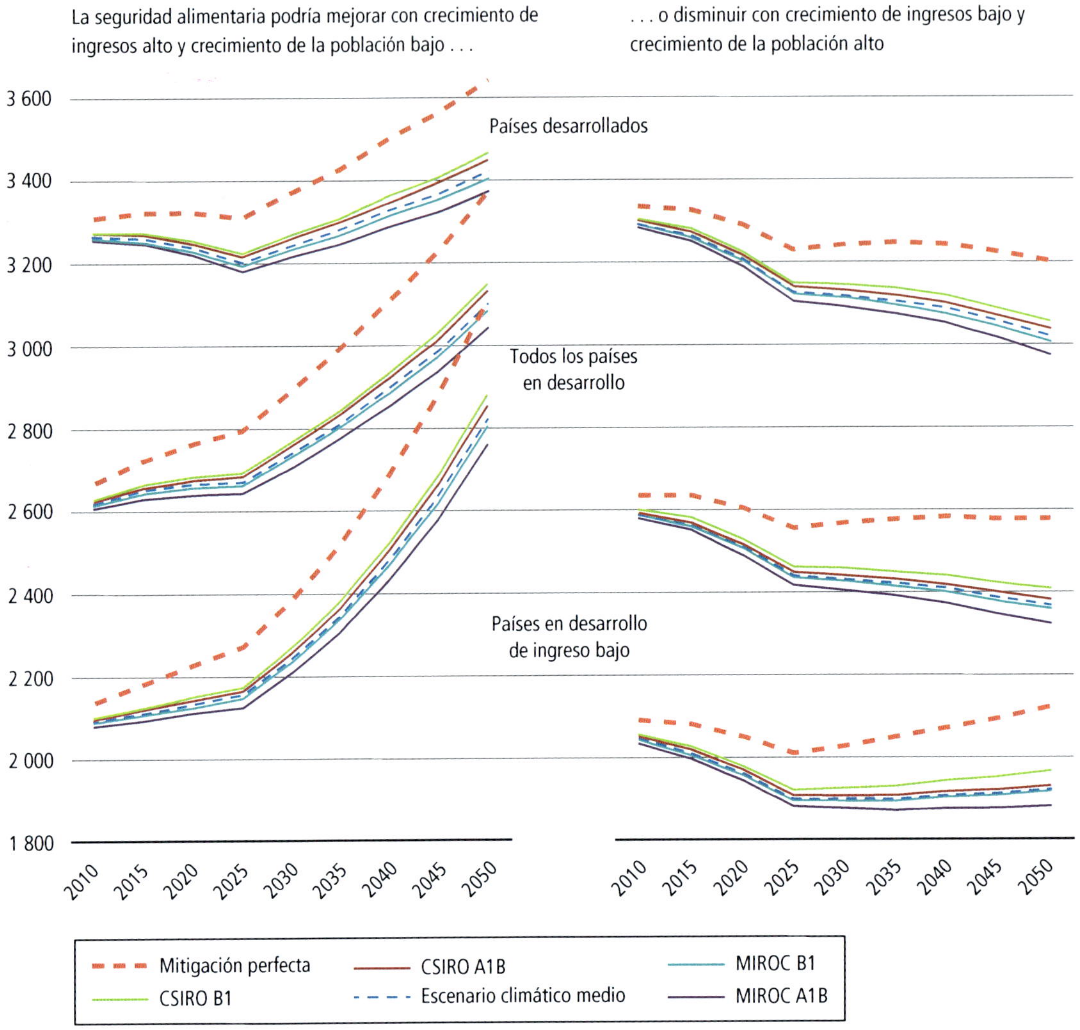

Fuente: Figura 3.1 en G. C. Nelson, M. W. Rosegrant, A. Palazzo, I. Gray, C. Ingersoll, R. Robertson, S. Tokgoz, et al., *Food Security, Farming, and Climate Change to 2050: Scenarios, Results, Policy Options,* Monografía de investigación del IFPRI (Washington, DC: Instituto Internacional de Investigación sobre Políticas Alimentarias, 2010). Notas: Las líneas de guiones rojas muestran la disponibilidad de calorías en un escenario no realista con mitigación perfecta (es decir, todas las emisiones cesan hoy y también se detiene el impulso existente en el sistema climático). Las líneas continuas de diferentes colores reflejan el producto con resultados climáticos plausibles de dos modelos de circulación general, cada uno con dos escenarios, del *Informe especial de Escenarios de emisiones* del *Grupo Intergubernamental de Expertos sobre el Cambio Climático.* El cambio en los valores en 2025 refleja el supuesto de que el etanol a base de maíz se reemplazará por etanol a base de celulosa alrededor de 2025. Este cambio reducirá la demanda de maíz, bajará su precio y dejará más calorías disponibles para consumo humano.

fundamental comprender los efectos del cambio climático en diferentes escenarios. En la figura 4 se ilustran los desafíos que posiblemente impondrá el cambio climático a la seguridad alimentaria. En esa figura se reporta la disponibilidad media de calorías por persona por día—una medida imperfecta de la disponibilidad de alimentos—según una variedad de escenarios de cambio climático y dos escenarios generales del contexto del desarrollo. La situación optimista refleja un gran aumento de los ingresos y poco crecimiento de la población, que representa una situación de desarrollo sostenible. El escenario pesimista consiste en poco aumento de los ingresos y gran crecimiento de la población.

De los resultados de la figura 4 se pueden interpretar tres mensajes importantes. El primero de ellos es que el desarrollo sostenible, materializado en el escenario optimista, es fundamental para mejorar el bienestar de las personas más pobres. En un contexto de desarrollo sostenible, se observa una mejora drástica de la disponibilidad de calorías en los 40 países que tienen los ingresos más bajos en la actualidad. Segundo, el cambio climático reduce considerablemente la disponibilidad de calorías en todo el mundo, como lo demuestra la diferencia entre un escenario de mitigación perfecta y el resto de los escenarios de cambio climático. Finalmente, pese a que los diferentes escenarios de cambio climático tienen consecuencias bastante distintas para la productividad agrícola, los resultados finales relativos a la disponibilidad de calorías son similares. Este resultado se debe a las profundas diferencias en los flujos comerciales de los diferentes escenarios. Por lo tanto, un comercio internacional relativamente abierto será fundamental para la adaptación al cambio climático.

El rápido aumento de las emisiones de gases de efecto invernadero (especialmente en los países en desarrollo), aunado a las evidencias cada vez más claras de los efectos negativos del cambio climático en la agricultura, la posibilidad de los efectos no lineales de la temperatura en los rendimientos, y la problemática adicional que parecen generar los sucesos meteorológicos extremos más frecuentes, indican que la seguridad alimentaria sostenible enfrenta un reto extremadamente grave. Es fundamental renovar los esfuerzos para reducir las emisiones de gases de efecto invernadero y redoblar los esfuerzos para desarrollar variedades de cultivos y ganado, junto con sistemas de gestión que puedan mantener la productividad a temperaturas más altas y niveles extremos de calor y precipitación aun más pronunciados. En 2011, el conjunto de evidencias de la amenaza que el cambio climático representa para la adquirió una firmeza creciente. El desafío consiste en encontrar los recursos necesarios para enfrentar los problemas antes de que estos nos abrumen. ■

Capítulo 5

BIOCOMBUSTIBLES, MEDIO AMBIENTE Y ALIMENTOS

La trama se complica

David Laborde y Siwa Msangi, IFPRI

LOS DEBATES DE POLÍTICA SOBRE BIOCOMBUSTIBLES o biocarburantes en 2011 reflejaron la creciente complejidad del problema durante la última década. Si bien originalmente se promovió la producción de biocombustibles como una manera de reducir la dependencia de los combustibles fósiles y evitar las emisiones que generan, actualmente se reconoce en forma creciente que está estrechamente vinculada con los mercados agrícolas, e, incluso con los patrones de uso de la tierra. Los biocombustibles de primera generación que se utilizan comercialmente en la actualidad, como el biodiesel a base de aceite vegetal y el etanol elaborado a partir de caña de azúcar o maíz, están fuertemente asociados a los mercados agrícolas y al uso de la tierra, pese a que existen importantes subproductos que pueden ser empleados como materia prima a fin de compensar estos efectos. Dados los aspectos de incertidumbre científica que todavía existen en relación con el efecto de los biocombustibles en la seguridad alimentaria y el medio ambiente, la adopción de decisiones ha pasado a ser compleja y, en algunos casos, polémica.

Cerca de una docena de instituciones internacionales se reunieron en 2011 para producir un informe conjunto que abordó el tema de los biocombustibles y el precio de los alimentos, exhortando a que se eliminen las políticas sobre biocombustibles distorsionadoras, especialmente cuando los beneficios medioambientales no son tan altos como se esperaba[1]. El Grupo de los 20 (G20) también planteó el asunto de los biocombustibles en 2011 como parte de su preocupación general por la seguridad alimentaria. Los países del G20 reconocieron que era necesario analizar el rol de los biocombustibles en la volatilidad del precio de los alimentos y adaptar los mandatos sobre biocombustibles cuando las situaciones del mercado justifican medidas de intervención. Sin embargo, no formularon declaraciones más definitivas acerca de los biocombustibles y sus vínculos con el precio de los alimentos debido a los desacuerdos entre los grandes productores (como Brasil) y los importadores netos de alimentos (como China) con respecto a la importancia de dichos vínculos[2]. La función de respaldo político nacional a los sectores de biocombustibles, en forma de créditos impositivos, subsidios y aranceles impuestos al etanol importado (para los Estados Unidos y la Unión Europea), sigue preocupando a las principales partes interesadas.

De hecho, los países clave manifiestan preferencias sociales diferentes en el tratamiento del delicado tema de los vínculos entre los alimentos y los combustibles según la dinámica local de la oferta y la demanda de productos agrícolas. En Brasil, la flexibilidad de las refinerías de azúcar/etanol permite a los productores cambiar rápidamente entre etanol y azúcar según las condiciones que prevalezcan en los mercados de alimentos (azúcar) y combustible (etanol y gasolina), manteniendo así una producción constante durante todo el año en sus cadenas de suministro. Desde 2008, Brasil ha reducido sus exportaciones de etanol al mercado internacional, en parte debido a la creciente producción y exportación de los Estados Unidos, una mayor demanda de azúcar por parte de grandes consumidores como la India, y precios altos y poco competitivos del etanol en su mercado doméstico[3]. Como resultado, en 2010 y 2011 Brasil se vio obligado a importar etanol estadounidense, estimulando así los ingresos por biocombustibles en los Estados Unidos y haciendo que el arancel de los Estados Unidos contra las importaciones de etanol brasileño resultara intrascendente.

En los últimos cinco años, China ha frenado su enérgica expansión como productor de biocombustibles debido a inquietudes acerca de los mercados de granos en el país y sus precios. La producción de biocombustibles en China comenzó rápidamente con la construcción de cuatro plantas de etanol estatales en 2001. Ya para 2007, había producido un total de 1,35 millones de toneladas de etanol, posicionándose como el tercer país en orden de importancia en el mundo. A partir de ese punto, se detuvo este veloz surgimiento y se puso un límite al uso de cereales para la producción de biocombustible[4].

Pese a la atención que se prestó a los efectos de los biocombustibles en la seguridad alimentaria, una parte muy importante del debate sobre las políticas relativas a los biocombustibles en 2011 se centró en las preocupaciones ambientales[5]. Los mercados de biocombustibles internacionales están dominados por la Unión Europea y los Estados Unidos, los más grandes consumidores y productores de biodiesel y etanol, respectivamente. Pese a que ninguno de ellos adoptó cambios fundamentales en sus políticas en 2011, ese año fue testigo de intensos debates que prepararon el camino para decisiones potencialmente importantes en 2012. A pesar de que el debate sobre las políticas se centró en el medio ambiente, todas las decisiones adoptadas en relación con la producción de biocombustibles tendrán consecuencias en los mercados de alimentos internacionales debido al volumen de materias primas basadas en cultivos que se convierten anualmente.

UNIÓN EUROPEA

En la Unión Europea, el consumo de biocombustibles es un factor de suma importancia en la decisión de reducir las emisiones de gases de efecto invernadero del sector del transporte reemplazando los combustibles fósiles por energías renovables. En 2003, una directiva de la Unión Europea estableció una meta para 2010 de 5,75% de uso de energías renovables en el sector del transporte. En 2009, la Unión Europea adoptó la Directiva sobre energías renovables, cuya meta es alcanzar el 10% para 2020. Pese a que las energías renovables pueden incluir electricidad, hidrógeno o biocombustibles de segunda generación (es decir, etanol y biodiesel elaborados a partir de materias primas no alimentarias tales como residuos agrícolas y pasto varilla [*switchgrass*]), el mecanismo más importante para cumplir esta meta es, y seguirá siendo, el uso de los biocombustibles de primera generación.

La directiva también estableció criterios de sostenibilidad ambiental para los biocombustibles, incluido un porcentaje mínimo de ahorro directo en emisiones de gases de efecto invernadero (35% en 2009, incrementándose a 50% en 2017) y restricciones en los tipos de tierras que pueden convertirse a la producción de cultivos de materias primas para biocombustibles. Esta restricción cubre solo los cambios directos en el uso de la tierra. La Directiva sobre calidad de los combustibles revisada, adoptada simultáneamente con la Directiva sobre energías renovables, es más técnica; incluye también criterios de sostenibilidad idénticos y tiene como meta una reducción del 6% en las emisiones de gases de efecto invernadero de los combustibles para el transporte para 2020.

Dado que la reducción de emisiones es oficialmente la única meta de la política sobre biocombustibles en Europa, los diseñadores de políticas otorgan gran prioridad a una evaluación correcta del balance de gases de efecto invernadero de los biocombustibles. Una evaluación de este tipo podría explicar el desvío en el uso de la tierra para producir biocombustibles, lo que podría cambiar radicalmente la conclusión sobre la capacidad de los biocombustibles para reducir las emisiones de carbono[6]. Los cambios en el uso de la tierra se producen cuando los agricultores, tanto en el país como en el extranjero, cambian la producción dedicada históricamente a la alimentación humana y animal por la producción de cultivos para biocombustibles, o cuando transforman las tierras naturales en tierras de cultivo. Estos cambios en el uso de la tierra se consideran *directos* si los agricultores convierten la cubierta terrestre natural directamente en tierra de cultivo para cosechar la materia prima que se utiliza para biocombustibles en el país productor de biocombustibles. Por otra parte, los cambios en el uso de la tierra se consideran *indirectos* si las modificaciones en los precios del mercado causan la expansión de otro cultivo a la cubierta terrestre natural o si una reducción en las exportaciones del país productor de biocombustibles (como por ejemplo, maíz en los Estados Unidos) hace que los agricultores en otros países conviertan las tierras naturales en tierras de cultivo para aumentar la producción de esos (u otros) cultivos. Dada la naturaleza compleja de los vínculos entre los mercados nacional e internacional, los cambios indirectos en el uso de la tierra son mucho más difíciles de verificar y observar que las conversiones directas en el uso de la tierra. Por consiguiente, en 2009, el Consejo Europeo (que representa a los gobiernos de los estados miembros) y el Parlamento Europeo solicitaron a la Comisión Europea que analizara el problema del cambio indirecto en el uso de la tierra, proponiendo posibles medidas para evitarlo, y que presentara un informe sobre el tema para fines de 2010.

Fue entonces que la Comisión lanzó cuatro estudios para examinar el problema del cambio indirecto en el uso de la tierra. Uno de los estudios, dirigido por el Instituto Internacional de Investigación sobre Políticas Alimentarias (IFPRI), analizó el efecto del mandato europeo sobre biocombustibles y los posibles cambios en las políticas comerciales de biocombustibles en Europa en relación con la producción agrícola mundial y el desempeño ambiental de la política europea sobre biocombustibles, como se estipula en la Directiva sobre energías renovables[7]. El resultado del informe sugirió que el cambio indirecto en el uso de la tierra era una preocupación válida pero que había un alto nivel de incertidumbre con respecto a su magnitud. Tras estas investigaciones y consultas públicas, en diciembre de 2010 la Comisión publicó un informe en el que reconocía que el cambio indirecto en el uso de la tierra puede reducir el ahorro en emisiones de gases de efecto invernadero asociado con los biocombustibles. Sin embargo, debido a las múltiples dudas, la Comisión no emitió una recomendación clara acerca de si la medición de los cambios indirectos en el uso de la tierra debería incluirse en el marco jurídico, y cómo debería incluirse. La Comisión anunció que se realizaría una nueva investigación y que un informe de evaluación de su impacto podría proponer varias opciones de políticas.

En 2011, el debate adquirió mayor intensidad. Por un lado, los productores de biocombustibles discreparon sobre el concepto de cambio indirecto en el uso de la tierra y afirmaron que hasta el mismo debate y la incertidumbre con respecto a la legislación futura desalientan las inversiones y son costosos para la economía y la estrategia sobre cambio climático de Europa. Por otra parte, muchos miembros de la comunidad científica europea, así como observadores de los Estados Unidos, pidieron a la Comisión que reconsiderara su posición sobre los biocombustibles, instándola a no cometer errores en la contabilización de las emisiones referentes a los biocombustibles. Los grupos no gubernamentales y ambientales destacaron enérgicamente los riesgos sociales asociados con los biocombustibles (como el "acaparamiento de tierras" y la competencia por el uso de la tierra para alimento y combustible) así como los riesgos medioambientales (como el aumento de emisiones). A pesar de que a fines de 2011 la Comisión Europea no había publicado aún su informe de evaluación de impacto, sí publicó en octubre un nuevo ejercicio de modelación dirigido por el IFPRI sobre el tema del uso de la tierra[8]. La Comisión se hizo eco de que los méritos de los biocombustibles de primera generación son sumamente discutibles, y también afirmó que ya no respaldaría proyectos de biocombustibles en sus políticas para el desarrollo en el extranjero.

ESTADOS UNIDOS

En los Estados Unidos, las deliberaciones sobre la política de biocombustibles se llevan a cabo en dos niveles. En el plano federal, la Agencia de Protección Ambiental estadounidense regula la mezcla de biocombustibles mediante el Estándar de combustibles renovables (Renewable Fuel Standard). En el plano estatal, algunos estados ambiciosos han establecido sus propias políticas sobre biocombustibles (como el Estándar de combustibles bajos en carbono [Low Carbon Fuel Standard] de California), que intentan mejorar el Estándar de combustibles renovables en términos de desempeño ambiental.

En 2011 surgieron varias discusiones de política en el plano federal sobre el posible rechazo del crédito fiscal para los biocombustibles, denominado Volumetric Ethanol Excise Tax Credit. En una atmósfera de creciente austeridad fiscal en los Estados Unidos, se estableció una alianza inusual de conservadores fiscales y sociales con opositores ambientalistas de los biocombustibles en torno a la revocación del crédito impositivo. Los investigadores han señalado las pérdidas en bienestar y eficiencia resultantes cuando un crédito impositivo como este se combina con un mandato de mezcla de combustibles, que es parte de la política federal del Estándar sobre combustibles renovables[9]. Se plantearon preocupaciones sobre la seguridad alimentaria con respecto a los efectos de los créditos impositivos y los subsidios a la producción de biocombustibles y, a su vez, sobre el nivel y la estabilidad de los precios agrícolas y de los alimentos[10]. Sin embargo, se ha señalado que los precios de la energía fueron un impulsor mucho más fuerte del crecimiento pasado para la producción de biocombustibles que los créditos impositivos de por sí[11].

¿Qué sucedería si el Estándar sobre combustibles renovables vigente fuera remplazado o complementado con una política centrada en reducir la intensidad del carbono en el combustible, como el Estándar de combustibles bajos en carbono de California? La diferencia fundamental entre ambas políticas se centra en los incentivos a los productores y fabricantes de mezclas de biocombustibles. Dado que otorga créditos sobre la base de la producción y mezcla de etanol y biodiesel, el Estándar sobre combustibles renovables recompensa la producción de biocombustibles independientemente de si esa producción reduce las emisiones de carbono o no y en qué medida. Por el contrario, el Estándar de combustibles bajos en carbono adjudica créditos a los fabricantes de mezclas que logran una determinada reducción en la intensidad del carbono del combustible mezclado. Por lo tanto, es un incentivo directo para reducir la intensidad de carbono en el combustible para el transporte y otros. La política de California favorece, por ejemplo, el etanol obtenido a partir del azúcar y los biocombustibles de segunda generación elaborados a partir de materiales celulósicos, como por ejemplo el pasto varilla y miscanthus, por sobre el etanol elaborado a partir del maíz que es actualmente favorecido por las políticas nacionales vigentes[12].

Las simulaciones muestran que, si se adoptara en el plano nacional una política similar al Estándar sobre combustibles bajos en carbono orientado a reducir la intensidad del carbono en 15% y se la empleara para complementar el Estándar sobre combustibles renovables existente, la cantidad de etanol fabricado a base de maíz producido y consumido en los Estados Unidos se reduciría en 11.800 millones de litros para 2035, mientras que el etanol elaborado a partir de materias primas celulósicas aumentaría en 12.500 millones de litros para el mismo año[13]. Este cambio podría tener importantes repercusiones en los mercados internacionales y en las modificaciones del uso de la tierra fuera de los Estados Unidos[14].

Actualmente se llevan a cabo varias iniciativas y estudios en los Estados Unidos para determinar si es factible poner en práctica en una región más amplia una política similar a la de California. Una política nacional sobre combustibles bajos en carbono debería tener en cuenta las diferentes demandas de combustible de las diversas subregiones del país a fin de proponer una norma que favorezca una reducción en el uso de combustibles que tienen un alto contenido de carbono y que responda a las preocupaciones relativas a la seguridad y asequibilidad energéticas, las cuales son importantes componentes en el debate sobre política energética en los Estados Unidos.

MESA REDONDA SOBRE BIOCOMBUSTIBLES SOSTENIBLES

En la comunidad internacional más amplia han surgido iniciativas para promover la producción sostenible de biocombustibles y ofrecer a los productores pautas e incentivos para asegurar que los biocombustibles tengan un bajo contenido de carbono comparado con las alternativas basadas en combustibles fósiles, y que sean también compatibles con normas internacionales de empleo digno y compensación justa. Siguiendo el ejemplo de otras iniciativas de producción sostenible, en 2011 se lanzó la Mesa redonda para biocombustibles sostenibles (Roundtable for Sustainable Biofuels) como mecanismo para certificar a los productores de biocombustibles que cumplen con normas de bajo impacto ambiental y prácticas laborales justas. Esta certificación les permite recibir un precio preferencial, similar al que obtienen los productores de café que adoptan prácticas de comercio justo. La Mesa redonda fue estructurada de modo que las normas necesarias para obtener el estado oficial de "sostenible" fueran compatibles con aquellas que son aplicadas para certificar los biocombustibles importados en Europa según la Directiva sobre energías renovables. Con el tiempo, las normas de la Mesa redonda para biocombustibles sostenibles podrían ampliarse para alentar a los productores de biocombustibles a reducir aun más la intensidad del carbono de los biocombustibles; también podrían incluir los efectos ambientales indirectos de los biocombustibles, especialmente los que están asociados a los cambios en el uso de la tierra y la cubierta terrestre.

MIRANDO HACIA EL FUTURO

Los mercados de alimentos y de energía continuarán interactuando en el futuro, creando oportunidades dinámicas en el mercado para los productores de cultivos de materias primas como azúcar y maíz, independientemente de si proveen a los sectores alimentarios, de piensos o de combustible. Pero las políticas y las restricciones comerciales nacionales pueden provocar perturbaciones del mercado así como picos agudos de los precios, como pudo observarse en

2008 y 2010. Una de las principales lecciones de las crisis en los precios de los alimentos en los años pasados es que el comercio abierto resulta fundamental para facilitar el flujo libre de mercancías a los lugares donde su uso es más valorado y permitir que se efectúen los ajustes necesarios para minimizar las perturbaciones del mercado[15].

Tanto en la Unión Europea como en los Estados Unidos, el uso de maíz y aceite de colza en la producción de biocombustibles creció con rapidez hasta 2008-2009, y este crecimiento seguramente se estabilizará a medida que se cumplan los mandatos para el etanol elaborado a partir de maíz en 2015, y a medida que las políticas de los países industrializados alienten el uso de combustibles alternativos con menor impacto ambiental (véase la figura 1). El considerable aumento en el uso de maíz en los Estados Unidos, que casi se triplicó en el período de 2000 a 2009, supone que el mercado de maíz será limitado a la luz de los cambios futuros, a menos que la oferta se expanda y se reconstruyan los niveles de existencias de granos. Pese a que el índice de aumento del uso de aceite de colza es comparativamente mucho más pequeño, su contribución en restringir las condiciones del mercado para aceites vegetales será similar.

Se había previsto que el Volumetric Ethanol Excise Tax Credit de los Estados Unidos caducaría a comienzos de 2012, dejando la producción y la mezcla de etanol a la merced de las fuerzas del mercado. Dados los precios crecientes del petróleo, la demanda probablemente continuará empujando la producción de etanol por encima de los niveles de los mandatos existentes. Aún queda por verse si la caducidad del crédito impositivo tendrá algún efecto apreciable en los precios nacionales del pienso en los Estados Unidos para el maíz o en las exportaciones de maíz de los Estados Unidos al mercado internacional, las cuales a su vez tienen su propio efecto en los precios internacionales. Siempre y cuando los precios del petróleo permanezcan estables o aumenten ligeramente, existen pocas expectativas de que se modifique considerablemente la rentabilidad (y el volumen) de la producción de etanol en los Estados Unidos. Si aumenta la demanda de etanol de Brasil y otros países, se introduciría un impulso adicional para la producción de etanol que es independiente de los efectos de cualquier medida en las políticas estadounidenses, y contribuyendo así a que el tema de los subsidios al etanol sea eliminado del debate político en los Estados Unidos durante un año electoral decisivo.

Si los aumentos en los precios de los alimentos observados en 2011 persisten durante 2012, seguirán proporcionando mayores ingresos a los productores de granos estadounidenses, mientras que incrementarán el costo del pienso para los productores ganaderos y el de materias primas para biocombustibles para los productores de etanol estadounidenses. Todas las políticas de los Estados Unidos en 2012 destinadas

FIGURA 1 Uso de maíz y de aceite de colza en los EE. UU. y la UE para producción de biocombustibles y otros usos industriales, 2000/2001–2024/2025

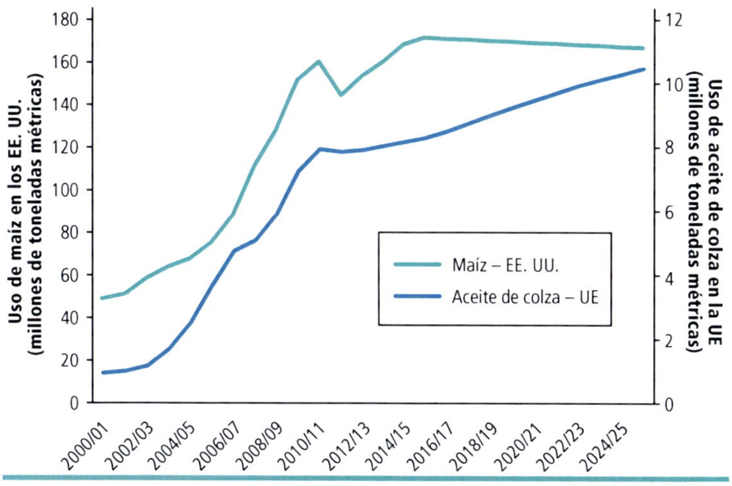

Fuente: Instituto de Investigación de Políticas Alimentarias y Agrícolas, *FAPRI-ISU World Agricultural Outlook 2011* (Ames, IA: Iowa State University, 2011). **Nota:** El uso de maíz incluye alimentos, y el uso de aceite de colza incluye otros usos industriales.

a crear incentivos en el uso de materias primas para biocombustibles de segunda generación (como pasto varilla, miscanthus u otra biomasa energética dedicada) promoverán la innovación y alentarán al sector de los biocombustibles estadounidense a diversificar sus fuentes de materias primas más allá de los granos con la incorporación de residuos agrícolas (como el rastrojo de maíz que queda después de la cosecha). Esto podría servir para aliviar la presión de la demanda en el mercado de granos y en la tierra necesaria para su producción. Sin embargo, todavía se requiere una cuidadosa evaluación para medir las consecuencias agronómicas de extraer estos residuos de los campos de cultivo.

Se espera que la Comisión Europea realice una recomendación formal sobre la política de biocombustibles en 2012, seguida de un proceso legislativo en el que participe el Parlamento Europeo. Toda decisión de la Comisión Europea tendrá consecuencias mundiales ya que, además de cambiar el nivel y la naturaleza de la producción de biocombustibles en Europa, servirá de modelo para los grupos de presión y los encargados de la adopción de políticas en muchos otros países.

Dada la trayectoria del debate sobre biocombustibles durante 2011, las deliberaciones sobre políticas de producción y mezcla de biocombustibles seguramente continuarán y serán alimentadas por los hallazgos de las nuevas investigaciones acerca de las consecuencias de las políticas sobre biocombustibles para la seguridad alimentaria y el medio ambiente. ■

Capítulo 6

AGRICULTURA, NUTRICIÓN Y SALUD

Cómo conectar estos tres sectores clave

Rajul Pandya-Lorch, Heidi Fritschel, Zhenya Karelina y Sivan Yosef, IFPRI

El nexo entre agricultura, nutrición y salud adquirió prominencia en 2011. Los 1000 millones de personas que continúan padeciendo inseguridad alimentaria y las deficiencias de vitaminas y minerales que ponen en riesgo la nutrición y salud de miles de millones de personas, han impulsado a la comunidad del desarrollo internacional a preguntarse cuánto más podría hacer la agricultura para mejorar el bienestar de la población si se incluyeran explícitamente objetivos de nutrición y salud. ¿Qué tipo de cambios maximizarían la contribución de la agricultura a la salud y nutrición humanas y cómo podrían contribuir la salud y nutrición humanas a un sistema agrícola más productivo y sostenible[1]?

Pese a que los sectores de la agricultura, la salud y la nutrición procuran mejorar el bienestar humano, casi nunca se ha usado explícitamente a la agricultura como herramienta para abordar los desafíos que presentan la nutrición y la salud. Como la agricultura adquiere cada vez más importancia en la agenda mundial, en parte debido a la volatilidad de los precios de los alimentos, existe un reconocimiento cada vez mayor de que ha llegado el momento de reunir a los sectores de la agricultura, la nutrición y la salud y dar rienda suelta al potencial de la agricultura como proveedor de alimentos, fuente de ingresos y motor de crecimiento, con el fin de reducir en forma sostenible la malnutrición y la salud deficiente de la población más vulnerable del mundo (véase el recuadro 6).

IMPULSAR UNA DINÁMICA QUE PUEDA SER APROVECHADA

A comienzos de año, aproximadamente 1000 líderes y profesionales de los sectores relacionados con la agricultura, la nutrición y la salud se reunieron en una conferencia internacional denominada "Leveraging Agriculture for Improving Nutrition and Health" (Potenciar la agricultura para mejorar la nutrición y la salud), organizada por el IFPRI y su Iniciativa Visión 2020 en Nueva Delhi (http://2020conference.ifpri.info/).

En esta conferencia, los participantes evaluaron los conocimientos existentes sobre las interacciones entre agricultura, nutrición y salud, estudiaron oportunidades para mejorar la nutrición y reducir los riesgos para la salud en toda la cadena de valor, identificaron los mecanismos e incentivos fundamentales para potenciar la agricultura y evaluaron las lagunas críticas en las investigaciones y las medidas de acción. En última instancia, catalizaron un proceso para idear cómo lograr que estos vínculos funcionen mejor con el objeto de atraer inversiones agrícolas más respetuosas de la nutrición y la salud (véase el recuadro 7).

Varios organismos de desarrollo han comenzado a diseñar o rediseñar sus programas para aprovechar mejor estos vínculos. Por ejemplo, Alimentar el Futuro (*Feed the Future*), la multimillonaria iniciativa estadounidense para el hambre y la seguridad alimentaria mundial, procura explícitamente acelerar el desarrollo inclusivo del sector agrícola y mejorar la situación nutricional con programas de desarrollo sostenible que estén bajo el control de los países. El

RECUADRO 6

La investigación agrícola acepta el desafío de la nutrición y la salud

John McDermott, Programa de Investigación del CGIAR sobre Agricultura para mejorar la nutrición y la salud

La malnutrición y las enfermedades son desafíos mundiales generalizados y persistentes. La agricultura es central a ambos, pero el crecimiento agrícola de por sí ha resultado insuficiente para alcanzar las metas de reducir la malnutrición y mejorar la salud como, por ejemplo, el primer Objetivo de Desarrollo del Milenio de las Naciones Unidas sobre niños de bajo peso, o el cuarto Objetivo de Desarrollo del Milenio sobre mortalidad infantil. Una tercera parte de los niños de Asia Meridional tiene bajo peso, y más del 33% de las muertes infantiles en países de ingreso bajo está asociada a la subnutrición, más significativamente en África Subsahariana rural. Para mejorar la contribución agrícola, el Grupo Consultivo para la Investigación Agrícola Internacional (CGIAR) desarrolló un programa cuya finalidad es investigar las medidas agrícolas destinadas a mejorar la nutrición y la salud humanas1.

Este nuevo programa de investigación, lanzado en enero de 2012, tiene cuatro componentes interrelacionados. Uno de ellos integra los programas de agricultura, nutrición y salud con las políticas, mientras que los tres restantes se concentran específicamente en desarrollar soluciones agrícolas que mejoran la nutrición y la salud:

- producción y distribución de cultivos básicos más nutritivos, biofortificados con provitamina A, hierro o cinc, para abordar las deficiencias de micronutrientes más graves
- mejora de las cadenas de valor para aumentar el valor nutritivo de los alimentos desde la producción hasta su consumo, incluidos el análisis y el desarrollo de la cadena de valor de los alimentos a cargo de otros programas del CGIAR
- reducción del riesgo de enfermedades asociadas con la agricultura mejorando la inocuidad de los alimentos y controlando las zoonosis así como las enfermedades emergentes, y mitigando las enfermedades asociadas con la intensificación agrícola

Los resultados de las investigaciones contribuirán a los efectos de impacto en el desarrollo por tres vías: mejorando la calidad nutricional y la inocuidad de los alimentos en las correspondientes cadenas de valor, brindando conocimientos y tecnologías para mejorar la eficacia de los programas de desarrollo agrícolas, nutrición y salud, y ofreciendo conocimientos y evidencias para mejorar el diseño y la adopción de decisiones sobre políticas e inversiones.

Para ofrecer mejor nutrición y salud a los pobres, los investigadores agrícolas deberán colaborar en estrecha relación con investigadores en nutrición y salud pública y relacionarse con los participantes en las cadenas de valor de los alimentos, los responsables de la implementación de programas de desarrollo y los diseñadores de políticas. Detrás de estas asociaciones habrá una perspectiva fundamentalmente nueva de investigación y desarrollo en sistemas agroalimentarios, como por ejemplo:

- considerar factores que van más allá de la producción de alimentos, como procesamiento, distribución y consumo a través de una intervención más profunda del sector privado y otros actores de la cadena de valor;
- adoptar una visión más integradora, a través de iniciativas conjuntas con los sectores de la agricultura, la salud y el desarrollo social, utilizando nuevos criterios de medición y herramientas para la planificación y evaluación conjuntas; y
- centrarse en la perspectiva de los pobres; por ejemplo, evaluando los medios de subsistencia y las compensaciones en situaciones de riesgo, en lugar de usar la perspectiva habitual de evitar los peligros.

Este nuevo programa de investigación agrícola se centrará en Asia Meridional y África Subsahariana. El CGIAR, que invierte en nuevas herramientas, enfoques y evidencias para guiar provechosamente las políticas y prácticas agrícolas, espera lograr importantes repercusiones en el mejoramiento de las contribuciones agrícolas a las iniciativas mundiales, regionales y nacionales, con miras a acelerar el logro de una mejor nutrición y reducir la carga de las enfermedades relacionadas con la agricultura entre los pobres.

Departamento de Desarrollo Internacional del Reino Unido ha intensificado sustancialmente su respaldo a programas e investigaciones sobre nutrición y ha comenzado a incluir la investigación sobre agricultura, alimentos y seguridad nutricional como parte de su programa en Asia Meridional.

En África Subsahariana, la Nueva Alianza para el Desarrollo de África y la Alianza Mundial para una Nutrición Mejorada celebraron un acuerdo para desarrollar un programa conjunto quinquenal que integre completamente la seguridad nutricional en el marco del Programa general para el desarrollo de la agricultura en África (CAADP). Representantes de los ministerios de agricultura, nutrición y salud, así como otras contrapartes de 17 países de África Occidental, se reunieron en un curso práctico del CAADP, realizado en Dakar en noviembre de 2011, para estudiar cómo se puede integrar la nutrición en los planes de desarrollo agrícola nacionales, prestando especial atención a la solución de los problemas de nutrición específicos de cada país. En octubre de 2011, el presidente Yoweri Museveni de Uganda lanzó el Plan de acción sobre nutrición (2011–2016), desarrollado por la Autoridad nacional de planificación de Uganda en colaboración con varios ministerios, junto con un mensaje firme a la población sobre qué alimentos deben cultivar para evitar la malnutrición. Malaui organizó una innovadora conferencia nacional en septiembre de 2011 que reunió a diseñadores de políticas y planificadores de los sectores de la agricultura, la nutrición y la salud para coordinar e integrar sus actividades con miras a ayudar a la agricultura de Malaui a contribuir a la salud y la nutrición de la población.

A fines de 2010 se elaboró un Programa de acción para la iniciativa Movimiento para el Fomento de la Nutrición (*Scaling Up Nutrition*, SUN), una amplia asociación de organizaciones internacionales y donantes[2]. El movimiento adquirió considerable impulso en 2011, cuando el Programa de acción comenzó a traducirse en obras concretas. Para enero de 2012, 24 países de alto riesgo se habían consagrado al movimiento SUN y comenzaron a definir metas y objetivos de nutrición. Más de 100 organizaciones de todo el mundo lo han avalado. El movimiento respalda a los gobiernos nacionales para desarrollar y poner en práctica planes nacionales conscientes de la nutrición y estructura el respaldo económico y técnico para la nutrición. Una gran parte del enfoque del movimiento SUN consiste en incorporar medidas específicas a favor de la nutrición en otras áreas, como seguridad alimentaria, agricultura y salud.

Otras iniciativas incluyeron la reunión de alto nivel de las Naciones Unidas sobre enfermedades no transmisibles en septiembre de 2011. La participación

RECUADRO 7

Conferencia 2020 del IFPRI: Seguimiento de los resultados

Robert Paarlberg, Wellesley College y Universidad de Harvard

La conferencia "Leveraging Agriculture for Improving Nutrition and Health" (Potenciar la agricultura para mejorar la nutrición y la salud) de 2011, organizada por el IFPRI y su Iniciativa Visión 2020, tuvo importantes efectos muy útiles para los participantes, además de brindar información para el discurso mundial y la posible adopción de nuevas iniciativas. Los asistentes aprendieron cómo promover un enfoque integrado hacia la agricultura, la nutrición y la salud de modo más eficaz en sus correspondientes lugares de trabajo. Pese a que la mayoría de los asistentes llegó con la convicción de que los sectores debían analizarse y gestionarse en conjunto más que en forma aislada, su asistencia fortaleció estas opiniones, como lo demuestran las encuestas realizadas antes y después de la conferencia. Los asistentes recibieron información valiosa y novedosa, y se relacionaron con un grupo más amplio de redes intersectoriales.

La Conferencia 2020 también produjo efectos mensurables en el discurso público y profesional. Entre octubre de 2010 y mayo de 2011, los periodistas internacionales invitados a la conferencia escribieron 33 artículos sobre esta, y se publicaron 25 notas adicionales en los medios de comunicación en inglés, francés y alemán. Entre los informes institucionales más significativos sobre la conferencia figuran unas 22 notas presentadas en diversas producciones de donantes y partes interesadas. Esta gran cobertura en los medios ayudó a multiplicar la visibilidad de los temas de la conferencia. Las búsquedas de Google a intervalos regulares revelaron un considerable incremento de la presencia en Internet del tema central de la conferencia; el promedio de páginas web encontradas con la frase "linking agriculture, nutrition, and health" (vinculación entre agricultura, nutrición y salud) aumentó de 9.300 en el período anterior a la conferencia a más de 13.500 después de esta.

Finalmente, las encuestas y entrevistas revelaron que esta conferencia de Nueva Delhi inspiró o respaldó una diversidad de iniciativas importantes, como por ejemplo reuniones de seguimiento y consultas, esfuerzos para comunicarse con las personas responsables de tomar decisiones en el gobierno sobre problemas de agricultura, nutrición y salud, nuevas iniciativas de donantes e, incluso, algunos cambios programáticos e institucionales provisionales. Un efecto inmediato y tangible de la conferencia fue una decisión de la Agencia Canadiense de Desarrollo Internacional de otorgar una subvención adicional de 6 a 10 millones de dólares estadounidenses al proyecto HarvestPlus sobre biofortificación. Asimismo, la conferencia fortaleció aun más los temas de agricultura, nutrición y salud del nuevo Programa de Investigación del CGIAR sobre Agricultura para mejorar la nutrición y la salud, una iniciativa internacional para crear una red de instituciones educativas que trabajan en las esferas de agricultura, nutrición y salud. El Comité estatal de consulta sobre alimentación y nutrición de China se comprometió a crear también un instituto para el desarrollo de la inocuidad de los alimentos y la nutrición.

La durabilidad y trascendencia de tales cambios en el más largo plazo dependerán, en parte, de si el IFPRI compromete recursos para el liderazgo sostenido en las áreas de agricultura, nutrición y salud, así como en comunicación e investigación de políticas[1].

del sector agrícola en esta reunión fue limitada, pero la declaración resultante de la reunión observó la necesidad de un enfoque de la totalidad del gobierno que incluya al sector agrícola. En su informe *Bringing Agriculture to the Table: How Agriculture and Food Can Play a Role in Preventing Chronic Disease* (Poner la agricultura en la mesa: función de la agricultura y los alimentos en la prevención de las enfermedades crónicas), el Chicago Council on Global Affairs brindó un claro análisis y recomendaciones sobre cómo la agricultura puede contribuir para mejorar la salud.

Pese a las oportunidades para mejorar los resultados para la salud con el enfoque del nexo con la agricultura, lograr el compromiso del sector de la salud en el debate probó ser un desafío (véase el recuadro 8). Uno de los principales obstáculos para la colaboración entre las comunidades agrícola y de la salud es la falta de criterios de medición comunes. Por lo tanto, en mayo de 2011, el IFPRI y el Centro Leverhulme para la investigación integrada sobre agricultura y salud (*Leverhulme Center for Integrative Research on Agriculture and Health*) reunieron a expertos en salud y agricultura con el propósito de encontrar métodos comunes para medir los resultados en la salud de las intervenciones agrícolas.

Gracias al impulso de la conferencia de 2020, el Grupo Consultivo para la Investigación Agrícola Internacional (CGIAR) desarrolló un importante y nuevo programa de investigación denominado "Agricultura para mejorar la nutrición y la salud" que se presentó en enero de 2012 con una meta de alcance mundial por mejorar la nutrición y la salud de los pobres aprovechando las múltiples sinergias entre agricultura, nutrición y salud (véase el recuadro 6).

VINCULAR LA AGRICULTURA, LA NUTRICIÓN Y LA SALUD

De distintas maneras, los vínculos entre agricultura, nutrición y salud ya están en marcha, pero las sinergias pueden no siempre ser óptimas. La agricultura es la fuente primaria de alimentos para responder a la necesidad de energía y nutrientes esenciales de las personas. Pero para acceder a los alimentos, la población no necesariamente debe producirlos ella misma; también puede comprarlos. El sistema agrícola puede ayudar a las personas a aumentar su acceso a los alimentos, permitiéndoles producir más alimentos (si son agricultores) o reduciendo el precio de los alimentos o aumentando sus ingresos (si compran los alimentos). Al mejorar el acceso a los alimentos, la agricultura tiene el potencial de mejorar en gran medida la nutrición y la salud de la población. Al mismo tiempo, algunas condiciones y prácticas agrícolas pueden provocar enfermedad y salud precaria tanto en los agricultores como en los consumidores[3]. Por ejemplo, las prácticas agrícolas pueden aumentar el riesgo de los agricultores de infectarse con enfermedades de los animales, exponerlos a plaguicidas peligrosos o introducir toxinas en los alimentos.

En muchos países agrarios, el desarrollo agrícola es más eficaz para reducir la subnutrición que el crecimiento en otros sectores. Sin embargo, la composición del crecimiento agrícola, la distribución de este crecimiento y las condiciones en las que se produce ese crecimiento son, todas ellas, importantes. El crecimiento en subsectores agrícolas donde intervienen personas pobres, como por ejemplo el de los cultivos básicos, contribuye más para reducir la pobreza y aumentar el consumo de calorías que el crecimiento de, por ejemplo, los cultivos para exportación. Más adelante en el proceso de desarrollo, el crecimiento en los otros sectores más allá de la agricultura adquiere más importancia para mejorar la seguridad alimentaria y nutricional. Sin embargo, ni el crecimiento agrícola ni el crecimiento no agrícola de por sí son suficientes para reducir la subnutrición infantil o la malnutrición de micronutrientes; también deben instrumentarse programas complementarios de nutrición, salud, agua y salubridad, así como de comunicación sobre cambios de comportamiento, dirigidos específicamente a las poblaciones vulnerables, especialmente a las mujeres y los niños[4].

Los vínculos entre agricultura, salud y nutrición a menudo funcionan de manera diferente entre hombres y mujeres. En muchos lugares del mundo, los hombres y las mujeres gastan el dinero de maneras distintas: las mujeres tienden a gastar los ingresos que ellas controlan en alimentos, servicios de salud y educación para sus hijos. Una mayor igualdad entre hombres y mujeres puede traducirse en una mayor productividad agrícola. Si esta productividad va acompañada de ingresos superiores y un fuerte poder de negociación para las mujeres, podría resultar en mejor salud y nutrición.

En toda la cadena de valor agrícola existen oportunidades para mejorar la nutrición y reducir los riesgos para la salud. El enfoque de cadena de valor para el desarrollo puede incorporar objetivos nutricionales y, por lo tanto, poner más fácilmente a disposición de los pobres alimentos económicos y nutritivos. Este enfoque comienza con el análisis de cada uno de los componentes de la cadena de suministro de alimentos desde el campo hasta la mesa, como por ejemplo su producción, procesamiento posterior a la cosecha, comercialización y venta, y determinando dónde puede integrarse el valor para la nutrición. La cadena de valor de los alimentos también supone muchos peligros, ya sea microbiológicos, físicos y químicos, o riesgos ocupacionales que plantean desafíos para la producción y el consumo de alimentos seguros. Los diseñadores de políticas utilizan cada vez más el análisis de riesgos para

RECUADRO 8

Salud pública y agricultura: una tarea conjunta

Kabba T. Joiner, Helen Keller International

Los sectores de agricultura y de salud han estado separados desde hace tiempo por funciones fundamentalmente diferentes en la sociedad y en la organización institucional. Sin embargo, los representantes tanto de la salud como de la agricultura se esforzaron por acercar a ambos sectores en 2011, creando algunos vínculos prometedores entre las organizaciones de la agricultura y de la salud. Algunos de los programas que surgieron recientemente en África Subsahariana son la Iniciativa comunitaria de ayuda para bebés en Gambia, Aldeas del Milenio en Malí, Jardines para la salud en Ruanda y Agricultura para el empoderamiento infantil en Liberia.

La agricultura puede realizar contribuciones tanto directas como indirectas para la salud. El crecimiento de la agricultura conduce a un aumento de los ingresos rurales, y esto se relaciona positivamente con un mejor estado de salud cuando la infraestructura sanitaria de la comunidad es financiada con las utilidades provenientes de la agricultura. El desarrollo agrícola sostenido puede conducir indirectamente a un considerable avance en la salud rural. En particular, si aumentan los ingresos de las mujeres, ellas utilizan los servicios de cuidado de la salud con más frecuencia, lo que mejora la salud materna e infantil.

La agricultura puede contribuir directamente a la salud pública con mejores productos agrícolas. En general, al mejorar las dietas, con mejores productos alimentarios, se reduce la carga de las enfermedades crónicas. La integración de los sectores de la agricultura y la salud también mejora la inocuidad de los alimentos, dado que permite crear mejores sistemas de vigilancia desde la granja a la mesa. Sin embargo, puede hacerse mucho más que concentrarse solamente en cultivos de mejor calidad. Durante mucho tiempo, la agricultura no se consideró un arma primaria para la eliminación de la malnutrición de micronutrientes. En los sistemas alimentarios que se desarrollaron, se prestó muy poca atención a los requisitos de nutrientes equilibrados que mantienen la buena salud y el bienestar. Ahora, HarvestPlus y otras organizaciones abordan este problema desarrollando cultivos ricos en minerales y vitaminas, como batatas o boniatos de cáscara naranja (es decir, rica en caroteno) y mijo perla, rico en hierro.

Las colaboraciones entre los sectores de la agricultura y de la salud pueden resultar en grandes mejorasen la calidad de la dieta de los países en desarrollo, pero pueden florecer solo si se superan algunos desafíos humanos e institucionales. Los representantes de ambos sectores necesitan adoptar

- medidas intersectoriales en el nivel de la comunidad;
- aumentar el financiamiento en unidades del sector de la salud que puedan trabajar con la agricultura;
- crear arreglos formales, asignar responsabilidades y desarrollar habilidades para la negociación y la toma de decisiones a nivel intersectorial;
- establecer vías de comunicación y vínculos confiables entre investigadores, diseñadores de políticas y profesionales en ambos sectores;
- asegurar consultas mutuas en la determinación de prioridades y actividades tales como la recopilación de datos; y
- fortalecer el capital humano en ambos sectores, revisando los planes de estudios o bien intercambiando personal y compartiendo centros.

Las personas responsables de tomar decisiones en agricultura y salud deben exigir más innovación y participación intersectorial para lograr mejores resultados. Deben salirse del camino trillado para maximizar los beneficios obtenidos de su colaboración.

ayudarles a tomar decisiones sobre medidas normativas y otras con el fin de reducir los riesgos para la salud en la cadena de valor de los alimentos[5].

Se están probando muchas intervenciones para comprender y abordar estos desafíos. Algunos ejemplos incluyen la biofortificación (desarrollo de nuevas variedades de cultivos alimentarios con mejor contenido nutricional), planes para incrementar la producción y el consumo domésticos de vegetales, frutas y alimentos de origen animal ricos en micronutrientes, la producción local de alimentos para programas de alimentación escolares y proyectos para integrar la agricultura, la nutrición y los servicios de salud[6]. Sin embargo, por ahora, existen pocas evidencias concretas sobre cómo funcionan los vínculos entre la agricultura y la nutrición. Por lo tanto, una tarea decisiva es compilar la base de pruebas sobre estos vínculos. Se necesitan muchos más estudios acerca de los efectos nutricionales de las intervenciones agrícolas; deben generarse y recopilarse más datos relativos a la nutrición, y deben incluirse indicadores nutricionales en las evaluaciones de los programas agrícolas.

La Conferencia 2020 puso de relieve cuatro grupos importantes de herramientas que podrían ayudar a potenciar la agricultura para una mejor nutrición y salud. Las palancas económicas incluyen, en el plano más general, el crecimiento agrícola o crecimiento económico general (con la salvedad de que el crecimiento de por sí no es suficiente para resolver el problema de la nutrición). Los "impuestos gordos" y los "subsidios flacos" tienen la posibilidad de influir en el acceso económico de la población a una alimentación saludable en los países industrializados, pero los enfoques más dirigidos a mejorar las dietas de las personas pobres pueden ser más adecuados en los países en desarrollo. Los mecanismos sociales suponen la agrupación de personas de diferentes sectores y dentro de las comunidades para trabajar juntas con el fin de mejorar la nutrición y la salud. Los mecanismos de gestión exigen liderazgo gubernamental en todos los niveles, desde nacional hasta provincial y local. Los cambios en las políticas y los programas no son suficientes para que el personal de los diferentes ministerios e instituciones comience a trabar en conjunto, sino que es importante idear incentivos para lograr que lo hagan y que dediquen el tiempo y los recursos necesarios para colaborar entre los distintos sectores. Los mecanismos en ciencia y tecnología requieren no solo asignar más recursos para la investigación y el desarrollo agrícola generales a fin de mantener el campo abierto para innovaciones, descubrimientos y divulgación, sino también identificar mayores recursos que sean específicamente pertinentes para la nutrición y la salud, como por ejemplo la investigación sobre vegetales ricos en nutrientes, así como sobre otros cultivos y ganado.

En la Conferencia 2020 salieron a relucir temas recurrentes[7] a los que está abocada la comunidad internacional:

1. *Mejorar las inversiones,* canalizando las existentes más hacia la nutrición y la salud, priorizando y potenciando los logros obtenidos, y generando nuevas inversiones que aprovechen los vínculos entre agricultura, nutrición y salud.

2. *No esperar para actuar* sino seguir adelante valiéndose de la información disponible y el sentido común.

3. *Comunicar mejor* para crear conciencia, despertar interés, ofrecer opciones y convocar a "defensores" para promover acciones.

4. *Llenar las lagunas de conocimientos* sobre qué tipo de desarrollo agrícola es el mejor para la nutrición y la salud, y qué tipo de acuerdos y asociaciones de gestión se necesitan en los niveles local, regional y mundial.

5. *Centrarse en la educación,* desarrollando programas de enseñanza multidisciplinarios de nivel universitario que inculquen un pensamiento más amplio entre los futuros líderes de los sectores agrícola, de nutrición y de salud, y que se puedan así disolver los "silos" entre los sectores.

6. *Desarrollar la base de evidencias* recopilando información pertinente en forma oportuna, mejorando las herramientas y los métodos, e invirtiendo en supervisión y evaluación.

7. *Colaborar con todos los sectores,* creando responsabilidades mutuas y buscando formas de trabajar en equipo sin perder las ventajas de la profunda solvencia técnica sectorial.

8. *Utilizar todas las palancas disponibles para el cambio,* como las económicas, sociales, de gestión y de ciencia y tecnología que pueden maximizar la contribución de la agricultura para la nutrición y la salud.

9. *Corregir los fracasos del mercado,* utilizando políticas públicas como inversiones, subsidios, educación, actividades comerciales y políticas impositivas, ya que los mercados, por sí mismos, no necesariamente lograrían resultados socialmente óptimos en agricultura, nutrición y salud.

10. *Analizar los sistemas alimentarios,* no solo los sistemas agrícolas; considerar todas las etapas, desde el campo hasta la mesa, y ser conscientes de la sostenibilidad de los recursos naturales.

11. *Hacer intervenir activamente al sector de la salud* y buscar alternativas de extensión e inclusión del sector de la salud en las actividades agrícolas.

12. *Reconocer que las mujeres son el nexo entre los tres sectores* y orientar las políticas y los programas a las mujeres para que en forma simultánea se pueda fortalecer la agricultura y mejorar la nutrición y la salud.

El enfoque de nexos se está transmitiendo a otros sectores. El nexo entre alimentos, agua y energía despertó mucha atención a fines de 2011 con la Conferencia Nexus Bonn2011 (véase el recuadro 9). En un entorno mundial cada vez más interrelacionado, un enfoque de nexos en el sector de la agricultura ofrece grandes posibilidades de mejorar la nutrición y la salud, administrar los recursos naturales de un modo más sostenible, mejorar los medios de subsistencia de la población y respaldar un crecimiento económico más integrado. Con vistas al futuro, es importante construir una base de evidencias que mejore la comprensión y ayude a identificar oportunidades viables para fortalecer los vínculos entre todos los sectores y lograr resultados mutuamente beneficiosos. ■

RECUADRO 9

Entender el nexo entre alimentos, agua y energía

Claudia Ringler, IFPRI

En los últimos años, los vínculos intersectoriales por el lado de la oferta en la agricultura se han hecho más evidentes a medida que los insumos agrícolas más importantes se han vuelto gradualmente más escasos y más costosos. Fundamentales entre estos vínculos son aquellos entre la agricultura y los alimentos por un lado y el agua, la tierra y los recursos energéticos por el otro, así como los resultados ambientales y de biodiversidad. El nexo entre alimentos, agua y energía ha ocupado el primer plano en las deliberaciones de varios foros internacionales anteriores a la Conferencia de las Naciones Unidas sobre el Desarrollo Sostenible, Río+20, que se llevará a cabo en Brasil en junio de 2012. Uno de tales foros, la Conferencia Bonn2011 sobre "El nexo entre el agua, la energía y la seguridad alimentaria: soluciones para la economía ecológica" ("The Water, Energy, and Food Security Nexus: Solutions for the Green Economy"), llegó a la conclusión de que "obtener seguridad hídrica, energética y alimentaria y, en consecuencia, reducir el hambre y erradicar la pobreza, es un desafío futuro central que puede ser enfrentado incluso en condiciones económicas mundiales difíciles y desafiantes"[1].

Ya se ha trabajado mucho sobre la vinculación entre el agua y los alimentos. El suministro de agua es esencial para la producción de alimentos, que consume alrededor del 80% de los recursos de agua dulce mundiales por año. El crecimiento de la población, el crecimiento económico, la urbanización y la industrialización han exacerbado la creciente escasez de agua, poniendo tanto como la mitad del total de la producción mundial de granos en riesgo de no tener suficientes recursos hídricos para 2050[2]. Cada vez más, no solamente es la disponibilidad de agua lo que se compromete, sino también su calidad. Las inversiones realizadas en el sector han sido insuficientes en la mayoría de los países en desarrollo para satisfacer la creciente demanda de agua limpia y segura.

Menos se sabe aun sobre la vinculación entre la energía y los alimentos, y entre la energía, el agua y los alimentos. Sin embargo, la creciente interdependencia entre los alimentos y el precio del petróleo como resultado del mayor uso de energía en la agricultura y la creciente participación del uso de cultivos alimentarios como biocombustibles han hecho más evidente la necesidad de desarrollar políticas conjuntas. El alza de los precios de la energía ha impulsado el aumento delos precios de los alimentos y ha reducido la disponibilidad de tierra y agua para la producción de alimentos (debido a la competencia que presenta la expansión de la producción de biocombustibles). Simultáneamente, el acceso de las personas pobres a alimentos, agua y energía suficientes sigue siendo inaceptablemente escaso, especialmente en África Subsahariana y Asia Meridional.

Estos vínculos exigen por ende programas y políticas desarrollados de modo holístico. Esto es especialmente decisivo porque la producción de alimentos deberá aumentar considerablemente en las próximas cuatro décadas para satisfacer la creciente demanda. Para lograr la seguridad alimentaria sin poner en riesgo el suministro sostenible de agua y energía, las políticas, instituciones e inversiones mejoradas deberán incluir los siguientes principios:

- desarrollar políticas nacionales claras sobre alimentos y nutrición que contemplen las consecuencias para el agua y la energía;
- reducir los subsidios para el agua, los alimentos y la energía que reducen la eficiencia del uso de los recursos y tienen efectos adversos en los pobres y el medio ambiente;
- maximizar las complementariedades entre las partes interesadas tanto públicas como privadas para el suministro de alimentos, agua y energía;
- promover el desarrollo y la divulgación de tecnologías que utilicen eficientemente los recursos, especialmente aquellas que resultan asequibles para los pobres;
- promover la seguridad de la tenencia tanto del agua como de la tierra;
- concentrarse y fortalecer investigaciones sobre cultivos y otros estudios agrícolas del nexo entre alimentos, agua y energía (como por ejemplo, cultivos resistentes a las sequías, de alto rendimiento y eficientes en el uso de nutrientes); y
- crear soluciones para los mercados y el comercio que aseguren flujos de insumos de costo mínimo para los agricultores y los consumidores.

Si continúan sin contemplarse las conexiones entre los alimentos, el agua y la energía, no se logrará la seguridad alimentaria mundial, especialmente para los pobres rurales.

Capítulo 7

DEGRADACIÓN DE LAS TIERRAS

Tierras bajo presión

Ephraim Nkonya, Jawoo Koo y Paswel Marenya, IFPRI;
Rachel Licker, Universidad de Wisconsin, Madison

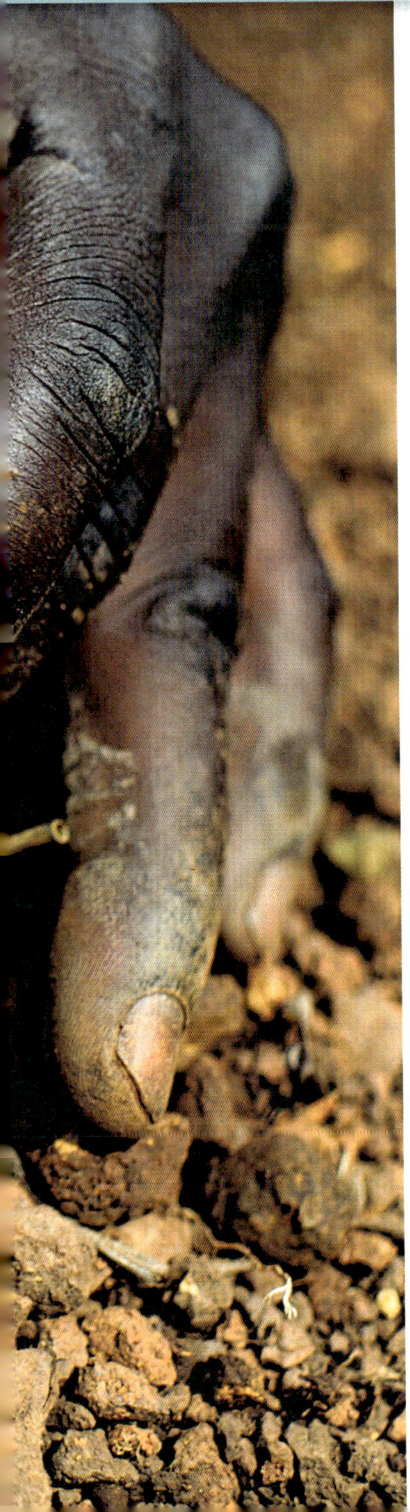

En octubre de 2011, la población mundial alcanzó el número de 7000 millones de personas, un hito que pone de relieve la inmensa presión sobre los ecosistemas del planeta. A la luz de este crecimiento de la población, las tierras de cultivo de las que depende la producción mundial de alimentos se están degradando con rapidez. Aproximadamente el 24% de la superficie terrestre mundial ha sido afectada por la degradación de las tierras. Esta superficie es equivalente a la pérdida anual de alrededor del 1% de la superficie terrestre mundial, que estaría en condiciones de producir 20 millones de toneladas de granos cada año, o el 1% de la producción anual de granos del mundo. En su conjunto, 1.500 millones de personas y el 42% de la población más pobre viven en tierras degradadas[1].

La población se multiplica más rápido en los países en desarrollo. En África Subsahariana, el crecimiento de la población anual del 2,3% ha llevado a que las superficies de tierra cultivable per cápita sean aun más pequeñas. Entre 1961 y 2009, la cantidad de tierra cultivable per cápita en África Subsahariana se redujo a alrededor de 76 metros cuadrados por año, la caída más pronunciada del mundo (figura 1).

¿Cómo puede este mundo superpoblado alimentar a cantidades cada vez mayores de personas? La solución más viable es aumentar de manera sostenible la productividad agrícola en las tierras existentes. Esto significa detener la degradación de las tierras para evitar la pérdida de tierras de cultivo aun más valiosas. También significa aumentar la fertilidad de las tierras de cultivo existentes para potenciar su rendimiento, así como abordar otros desafíos, tanto fuera como dentro de las granjas, que han contribuido a la baja productividad agrícola.

REDUCIR A CERO LA DEGRADACIÓN DE LAS TIERRAS

En septiembre de 2011, la Asamblea General de las Naciones Unidas llamó a construir un mundo sin degradación de tierras. En octubre de 2011, los representantes

FIGURA 1 **Pérdida anual de tierra arable per cápita en países en desarrollo, 1961–2009**

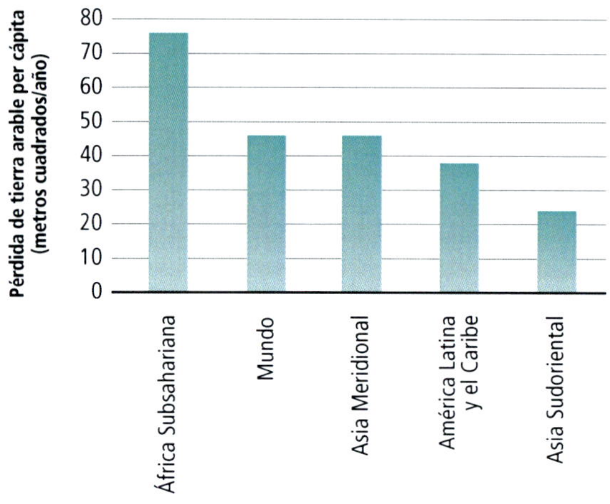

Fuente: Análisis preliminar basado en el modelo de regresión lineal a partir de datos de la Organización de las Naciones Unidas para la Alimentación y la Agricultura, base de datos FAOSTAT.

parlamentarios de la Convención de las Naciones Unidas de Lucha contra la Desertificación reafirmaron este objetivo con una declaración en la que llamaron a lograr la degradación cero de las tierras y a adoptar la gestión sostenible de las tierras como el camino necesario hacia el desarrollo sostenible.

Nuevas evidencias

Para alcanzar estas metas, podemos aprovechar nuevas evidencias sobre las causas de la degradación de las tierras y cómo solucionarlas. Pese a que la sabiduría convencional sostiene que la creciente densidad de población es uno de los principales impulsores de la degradación de las tierras, existen estudios recientes que sugieren que es posible mejorar la calidad de las tierras, incluso en países con alta densidad de población. Por ejemplo, se observó una relación positiva entre un incremento en la densidad de población y el mejoramiento de tierras entre 1981 y 2006 a nivel mundial y en Asia Oriental, pero una relación negativa en África Subsahariana y Asia Meridional[2]. El mejoramiento de tierras en Asia Oriental se atribuyó principalmente a las políticas que promueven programas de plantación de árboles y las plantaciones forestales en China y Corea. Por ejemplo, China tiene la mayor cantidad de créditos por reducción certificada de emisiones del mundo. Estos créditos, que se otorgan a países en desarrollo que instrumentan proyectos de reducción de emisiones de carbono, se certifican según normas establecidas por el Mecanismo de desarrollo limpio del Protocolo de Kyoto.

También se sigue obteniendo más información sobre la forma en que una gestión de gobierno eficaz, especialmente la gestión de gobierno local, puede reducir la degradación de las tierras. Las instituciones y reglamentos locales sólidos, vinculados con instituciones y políticas nacionales, pueden brindar a las comunidades locales las herramientas que necesitan para administrar recursos naturales tales como la tierra, el agua y los bosques. Por ejemplo, un estudio de cuatro países africanos realizado en 2011 demostró que la cantidad de normas relativas a la gestión de las tierras y el agua promulgadas por las comunidades estaba estrechamente correlacionada con el nivel de descentralización de cada país[3]. De acuerdo a los hallazgos obtenidos, cuanto más descentralizado es un país, más probable es que las comunidades locales adopten medidas colectivas para responder a los desafíos de los recursos naturales. Por supuesto, los gobiernos locales y otras organizaciones locales fuertes, por sí solos, no son suficientes para la gestión sostenible de los recursos naturales. Los hogares y las comunidades también necesitan acceso a mercados, precios remunerativos y otros incentivos.

En los últimos 20 años, ha aumentado con rapidez la cooperación internacional en materia de gestión de los recursos naturales debido a la creciente conciencia acerca de los beneficios de una mejor gestión de recursos y de los costos de la degradación de los recursos a través de las fronteras. Los mercados de carbono, valuados en US$142.000 millones en 2010[4], y otros programas ambientales internacionales han contribuido con los esfuerzos mundiales para reducir la deforestación y otros programas de gestión sostenible de los recursos naturales en los países en desarrollo.

El ejemplo de Brasil

Brasil ha reducido drásticamente la deforestación gracias a las medidas adoptadas por los gobiernos locales y central, con la cooperación de la comunidad internacional. En la década de 1990 y los primeros años de la década del año 2000, Brasil promulgó leyes y reglamentaciones para proteger los bosques, pero la deforestación desenfrenada ya había alcanzado en 2003-2004 un pico de 72 000 kilómetros cuadrados[5]. Entonces, los gobiernos estatales y municipales, así como el gobierno federal, promulgaron leyes y ordenanzas para asegurar el cumplimiento de la moratoria de deforestación. Además, los brasileños comenzaron a participar en proyectos del Mecanismo de desarrollo limpio. Brasil, que tiene más de 180 de proyectos de este tipo en curso, ocupa el tercer lugar en cantidad de créditos por reducción de emisiones certificada, después de China y la India[6]. Se compensó a los usuarios de

RECUADRO 10

India: Tierras comunes y seguridad alimentaria

Jagdeesh Rao Puppala y Rahul Chaturvedi, Foundation for Ecological Security

En una sentencia dictada en enero de 2011que marcó un hito histórico, la Suprema Corte de Justicia de la India dictaminó que debían adoptarse soluciones para el autogobierno efectivo de propiedades comunales en el nivel local, y que aquellos que invaden "bienes comunes" deben ser desalojados. El término "bienes comunes" se refiere no solo a los recursos de uso común, como bosques, pastos, cauces de ríos, cuerpos de agua y tierras de cultivo que, en su conjunto, pertenecen a la comunidad y que son aprovechadas por todos sus integrantes, sino también al material genético como semillas y razas de ganado adaptadas por las comunidades locales. Estos sistemas de recursos compartidos y gobiernos locales son decisivos para sostener los sistemas de cultivo y, por lo tanto, los medios de subsistencia y la seguridad alimentaria de más de 300 millones de personas que residen y trabajan en comunidades rurales de la India, donde se estima que las tierras comunes constituyen aproximadamente el 15 a 25 % de la superficie geográfica.

En respuesta a la sentencia de la Suprema Corte de Justicia, algunos gobiernos estatales ya han comenzado a adoptar medidas para mejorar la seguridad de la tenencia, fortalecer los arreglos institucionales de gestión de gobierno local y restaurar las tierras comunes. En el plano nacional, la planificación preliminar de políticas también exige una política sobre bienes comunes y mayores inversiones públicas para fomentarla creación de regímenes de propiedad común[1].

Además de contribuir a la seguridad alimentaria y nutricional, los bienes comunes ayudan a mantener funciones ecológicas esenciales para el sustento de los sistemas de cultivo. Los bienes comunes forestales cumplen una función crucial para mantener los caudales, recargar las aguas subterráneas y transferir nutrientes. Sirven de hábitat para agentes polinizadores y depredadores de plagas, aumentando así la resiliencia de los agroecosistemas, y ofrecen un marco institucional que revitaliza las acciones colectivas mientras que reduce al mínimo las acciones individuales perjudiciales que pueden llevar a la explotación de recursos.

Un estudio realizado en 2010 en regiones de secano en la India pone de relieve la dependencia continua de los hogares rurales con respecto a los bienes comunes: de las 3000 familias que respondieron la encuesta, el 53% accede a tierras comunes para insumos agrícolas, el 69% para pastoreo de ganado, el 62% para necesidades de agua en el hogar y para el ganado, el 74% para recolectar leña y el 37% para alimentos de consumo familiar[2]. Aproximadamente el 45% del requisito total de forraje se satisface con recursos de uso común y se calcula que los bienes comunes contribuyen con el 20 a 40% de los ingresos familiares anuales. Pese a todo esto, desde hace mucho tiempo el tema de los bienes comunes ha sido descuidado en las políticas y los programas orientados a restaurar los recursos naturales. Sin embargo, los sucesos recientes, incluido el fallo de la Suprema Corte de Justicia de 2011, indican que esto ha comenzado a cambiar y que la función de las comunidades locales en la gestión eficaz de los recursos naturales está recibiendo reconocimiento y generando una gestión de gobierno más descentralizada.

tierras que firmaron un contrato vinculante en el que se comprometen a no talar más bosques. Para 2008–2009, solo cinco años después, la deforestación había descendido bruscamente a 7.000 kilómetros cuadrados, una reducción del 74%[7]. Por otra parte, mientras la superficie de Brasil destinada a la agricultura ha permanecido relativamente estable en 68,5 millones de hectáreas desde 2005, la producción de alimentos parece haber aumentado entre 11 y 17 puntos porcentuales entre 2007 y 2009[8]. Este es un buen ejemplo de cómo las políticas y estrategias gubernamentales pueden ayudar a las economías basadas en la agricultura a lograr una gestión sostenible de la tierra en colaboración con la comunidad internacional.

AUMENTAR LA PRODUCTIVIDAD AGRÍCOLA DE MANERA SOSTENIBLE

Además de detener la degradación de las tierras, es crucial producir más alimentos en las tierras de cultivo actuales. Los investigadores han demostrado que la productividad de las tierras deberá satisfacer más de tres cuartas partes del crecimiento de la demanda mundial de alimentos entre la actualidad y 2050[9]. Esto significa que será necesario aumentar la productividad de los cultivos en regiones donde existen grandes diferencias entre los rendimientos reales y los rendimientos potenciales. En las regiones desarrolladas y Asia Oriental, el aumento del rendimiento de los cultivos se reduce a medida que se estrecha la diferencia entre los rendimientos potenciales y los reales. En el caso de los tres cereales más importantes (arroz, trigo y maíz), las brechas más amplias de rendimiento ocurren en África Subsahariana, Europa del Este, Asia Central y Asia Meridional[10].

En África Subsahariana, que tiene las brechas más amplias entre rendimientos reales y rendimientos potenciales, estas brechas pueden reducirse si se invierte, por ejemplo, en investigación agrícola, en la mejora de las condiciones del mercado y en mejores servicios rurales que ofrezcan respaldo técnico e incentivos para aumentar la productividad. Sin embargo, uno de los pasos más importantes para aumentar la productividad agrícola y responder al problema de la degradación de las tierras es el manejo de la fertilidad del suelo.

Los insumos orgánicos, como el estiércol y los residuos de cosechas, han demostrado que aumentan el rendimiento de la cosecha y mejoran la ecología del suelo[11]. Si se aumenta la capacidad de retención de agua del suelo, así como su contenido de carbono, los insumos orgánicos pueden contribuir tanto a la adaptación al cambio climático como a su mitigación. El manejo de la fertilidad del suelo orgánico también puede reducir la cantidad requerida de fertilizantes nitrogenados. En un estudio realizado en África Oriental y Meridional, se demostró que cuando se plantaron árboles de leguminosas en parcelas de maíz, este necesitó hasta 75% menos fertilizante nitrogenado sintético[12]. La disminución en el uso de fertilizante nitrogenado podría, a su vez, reducir la contaminación del agua que se produce cuando los agricultores aplican demasiado fertilizante.

De hecho, las investigaciones realizadas en África Subsahariana han demostrado que el manejo integrado de la fertilidad del suelo, es decir, el uso de insumos orgánicos, variedades de cultivo mejoradas y cantidades acertadas de fertilizantes sintéticos, es más rentable que el uso de insumos orgánicos o fertilizantes sintéticos solamente. Un estudio reciente realizado en Kenya, Malaui, Malí, Nigeria y Uganda demostró que a medida que los agricultores aplican más insumos orgánicos y fertilizantes, tanto más aumenta el rendimiento del maíz y el carbono del suelo. Durante un período de 30 años, los agricultores que combinaron fertilizantes sintéticos con insumos orgánicos lograron un rendimiento del maíz mayor o nulo, mientras que los agricultores que utilizaron insumos orgánicos o fertilizantes sintéticos solamente obtuvieron rendimientos reducidos. Otros análisis demostraron que al adoptar el manejo integrado de la fertilidad del suelo, los agricultores pudieron aumentar en aproximadamente 60% su rentabilidad financiera con la aplicación de un kilo de nitrógeno, en comparación con el uso de fertilizante sololamente[13]. Los países que asignan grandes proporciones de sus presupuestos agrícolas a subsidios para fertilizantes podrían aumentar el rendimiento del gasto público otorgando subsidios con la condición de que los beneficiarios adopten prácticas de insumos orgánicos fácilmente verificables, tales como la agrosilvicultura[14].

A pesar de su triple ventaja en términos de rendimiento, utilidades y servicios ambientales, el nivel de adopción de las prácticas de manejo integrado de la fertilidad del suelo es bajo y, a menudo, más bajo aun que el uso de fertilizantes sintéticos o insumos orgánicos solos (cuadro 1). Podrían existir varias razones que explican esta tasa de adopción tan baja. Los agricultores tienen menos posibilidades de adoptar esta práctica cuando su capital doméstico es escaso, se encuentran lejos de caminos y mercados y no tienen ganado para producir el estiércol y ayudar a transportar bultos voluminosos. Según resultados de investigaciones preliminares, es más probable que las mujeres agricultoras utilicen insumos orgánicos y menos probable que utilicen fertilizantes sintéticos que los hombres, pero la disponibilidad de activos financieros y físicos mayores aumentan la propensión a adoptar prácticas de manejo integrado de la fertilidad del suelo.

La capacidad de los servicios de extensión agrícolas en África Subsahariana para ofrecer tecnologías de manejo integrado de la fertilidad del suelo es baja. Por ejemplo, se demostró que solo una pequeña proporción de los agentes de extensión agrícola en Nigeria y Uganda ofrecen servicios de asesoramiento sobre insumos orgánicos. La mayor parte de sus servicios de asesoramiento agrícola se centran en semillas mejoradas, fertilizantes y plaguicidas[15].

CUADRO 1 Adopción del manejo integrado de la fertilidad del suelo en seis países de África Subsahariana

Insumos aportados al suelo	Tasa de adopción entre agricultores (%)					
	KENYA	MALAUI	MALÍ	NÍGER	NIGERIA	UGANDA
Insumos orgánicos y fertilizante sintético	19,6	14,7	17,7	0,0	7,5	2,0
Insumos orgánicos solamente	29,4	18,6	38,7	1,0	12,1	11,9
Fertilizador sintético solamente	10,5	70,8	16,3	0,1	45,3	6,1

Fuentes: Kenya, Níger, Nigeria y Uganda: Compilado de E. Nkonya, F. Place, J. Pender, M. Mwanjololo, A. Okhimamhe, E. Kato, S. Crespo, J. Ndjeunga y S. Traore, *Climate Risk Management through Sustainable Land Management in Sub-Saharan Africa,* Documento de discusión del IFPRI 01126 (Washington, DC: Instituto Internacional de Investigación sobre Políticas Alimentarias, 2011); Malí: Gobierno de Malí, *Recensement general de l'agriculture, Campagne agricole 2004–2005*; Malaui: Estudio de hogares del Ministerio de Agricultura y Seguridad Alimentaria de 2008. **Nota:** En este caso, los insumos orgánicos consisten en estiércol. Se considera que los agricultores utilizan el manejo integrado de la fertilidad del suelo cuando adoptan insumos tanto orgánicos como fertilizantes sintético (todos los agricultores ya habían adoptado variedades de cultivo mejoradas).

RECUADRO 11

La tenencia de la tierra por parte de las mujeres es importante

Ruth Meinzen-Dick, Amber Peterman y Agnes Quisumbing, IFPRI

Se reconoce en general que la tenencia segura de la tierra es fundamental para las inversiones, la productividad, la sostenibilidad y el estátus. Sin derechos seguros a sus tierras, las personas no tienen ningún incentivo para invertir en sostenibilidad o en mejoras de productividad de largo plazo para sus tierras; incluso, sin tales derechos, ni siquiera podrían tener la autoridad para realizar inversiones tan sencillas como plantar árboles. La tenencia segura reduce la vulnerabilidad al desalojo y fortalece el poder de negociación, tanto dentro como fuera del grupo familiar. Pese a que la mayoría de los análisis sobre la tenencia de la tierra se han orientado a las familias, existe una creciente aceptación de que también importa la distribución de los derechos a la tierra de acuerdo al género tanto entre las familias como dentro de ellas. El informe de 2010–2011 sobre el Estado mundial de la agricultura y la alimentación destaca cómo la brecha entre los géneros en el acceso a los recursos productivos limita la productividad agrícola[1]. Otros informes y organizaciones también demostraron que el control de la tierra es importante para la seguridad, la condición social y el poder de negociación de las mujeres[2]. El Informe sobre el Desarrollo Mundial de 2012 recomienda fortalecer los derechos de las mujeres a la tierra como una medida importante para mejorar la igualdad de género, un objetivo de desarrollo por derecho propio que también mejorará la productividad y los resultados de desarrollo para la siguiente generación[3].

Actualmente, es menos probable que las mujeres sean terratenientes que los hombres. Cuando las mujeres tienen acceso a tierras, por lo general cultivan propiedades más pequeñas y menos fértiles. Según la Base de datos sobre género y derecho a la tierra de la Organización de las Naciones Unidas para la Alimentación y la Agricultura, las mujeres representan en promedio menos del 5% de los terratenientes agrícolas en Asia Occidental y África del Norte, 15% en África Subsahariana y 25% en América Latina[4]. Sin embargo, este es un panorama incompleto de la situación legal debido a que la tenencia de tierras no necesariamente otorga muchos derechos a la mujer terrateniente. Un estudio reciente realizado en Uganda sugiere que, incluso cuando los hombres y las mujeres informan que comparten la tenencia de la tierra, es mucho menos probable que las mujeres tengan documentación a su nombre[5]. Esto las haría más susceptibles a perder sus derechos a la tierra si sus esposos decidieran vender la tierra o si se divorciaran o enviudaran.

¿Qué puede hacerse para fortalecer los derechos de las mujeres a la tierra? En muchos países en desarrollo, a menudo se ignoran las reformas legales si estas se oponen a las leyes y las prácticas consuetudinarias. Por lo tanto, es importante reformar el sistema jurídico, aunque es poco probable que dicha medida tenga mucho efecto por sí sola. Se debe prestar atención y brindar recursos a la implantación de reformas tales como la eliminación de las restricciones a la propiedad de tierras aplicadas a las mujeres, tomar medidas para la titularidad compartida y reformar el derecho de familia de modo que las mujeres puedan heredar tierras y conservar sus derechos en caso de divorcio o viudez. Esto podría requerir que se ofrezcan programas de educación básica en materia de derecho para informar a los administradores y jueces, así como al público en general, sobre las reformas, y colaborar con las autoridades tradicionales para analizar la importancia de los derechos de las mujeres a la tierra. La inclusión de mujeres en las comisiones locales de administración de tierras puede alentarlas a registrar sus tierras. Un análisis que está aún en sus primeras etapas sugiere que en el proceso de registro de tierras en Etiopía, cuando un mayor número de mujeres integra las comisiones de tierras locales, aumenta la asistencia a las reuniones sobre el registro de tierras así como la conciencia sobre el nuevo código familiar orientado a fortalecer los derechos de propiedad de las mujeres[6]. Este estudio, junto con otros, muestra que para mejorar los derechos de las mujeres a la tierra es necesario trabajar a través de canales múltiples en vez de adoptar soluciones simples, aplicadas en una sola etapa.

CONCLUSIÓN

En 2011, dos organismos de las Naciones Unidas adoptaron metas ambiciosas para detener la degradación de las tierras y lograr el desarrollo sostenible. Será difícil, aunque no imposible, cumplir con estas metas. Las evidencias aquí presentadas revelan varias posibilidades para construir un planeta sin degradación de las tierras.

En primer lugar, los esfuerzos para promover la gestión sostenible de las tierras necesitan mejorar la gestión de gobierno a nivel local y nacional, además de reforzar la cooperación internacional.

En segundo lugar, en vez de centrarse solamente en los subsidios para fertilizantes, los países deberían utilizar incentivos más amplios y económicos para alentar a los agricultores a adoptar prácticas de manejo integrado de la fertilidad del suelo. ■

NUEVOS ACTORES

Nueva Participación en el sistema alimentario mundial

Kevin Chen y P. K. Joshi, IFPRI

TRADICIONALMENTE SE HA CONSIDERADO QUE garantizar la seguridad alimentaria mundial es responsabilidad de unos pocos países industrializados y de organismos de las Naciones Unidas, pero el fortalecimiento de muchos países en desarrollo e instituciones también contribuye actualmente a la agenda mundial en sus esfuerzos por garantizar la seguridad alimentaria, aliviar la pobreza y poner fin al hambre. El surgimiento de nuevos actores es una tendencia creciente desde hace varios años. En 2011 se produjeron sucesos fundamentales en el sistema de gobernanza alimentaria mundial que revelaron un grado de influencia sin precedentes por parte de nuevos actores, incluidos países como Brasil, China y la India, nuevas instituciones tales como fundaciones de beneficencia, y el sector privado.

EL AUGE DE LAS ECONOMÍAS EMERGENTES COMO DONANTES NO TRADICIONALES

En la década pasada, las economías emergentes, en especial Brasil, China y la India, crecieron a tasas extraordinariamente altas[1] y, en 2011, estas tres economías representaron más del 20% del producto interno bruto mundial (figura 1). Estas no son las únicas economías emergentes que asumen roles como actores mundiales importantes. El Grupo de 20 países (G20), que representa dos terceras partes de la población mundial, el 90% del producto interno bruto mundial y el 80% del comercio mundial, está rápidamente superando al G7 y al G8 como

FIGURA 1 **Participación de las economías emergentes en el producto interno bruto (PIB), la población y la producción de cultivos mundiales, 2011**

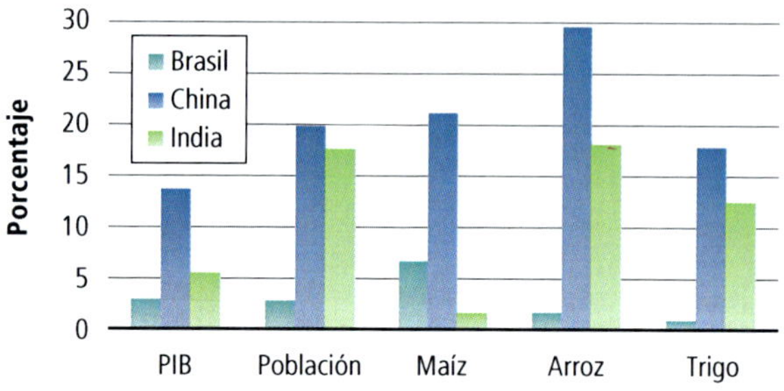

Fuente: Los datos de PIB y población son de la Corporación Financiera Internacional. Los datos de producción de cultivos son de la Organización de las Naciones Unidas para la Alimentación y la Agricultura, base de datos FAOSTAT, faostat.fao.org. **Nota:** La participación en la producción de cultivos es para 2010.

principal foro para la gestión de los problemas de la economía mundial. Estas economías emergentes están cambiando la estructura y la naturaleza del escenario mundial y de la gobernanza mundial, y su papel fundamental para tratar la seguridad alimentaria mundial en particular fue reconocido y analizado frecuentemente en reuniones ministeriales de alto nivel en 2011.

Por ejemplo, los días 22 y 23 de junio de 2011, los ministros de agricultura del G20 se reunieron en París para elaborar un plan de acción con respecto a la volatilidad de los precios de los alimentos y la agricultura. Además, el 30 de octubre de 2011, los ministros de agricultura de Brasil, China, India y Rusia se reunieron en Chengdu, China, para analizar el desarrollo y la cooperación agrícolas tanto entre ellos como con otros países en desarrollo. Estos ministros consideran que el desarrollo agrícola estable y sólida en sus países es importante para la seguridad alimentaria mundial, y creen que es una estrategia especialmente decisiva para reducir el hambre en el Sur[2]. Cada vez más, las economías emergentes inciden en las perspectivas de crecimiento y desarrollo en países en desarrollo por medio de vínculos directos como asistencia, comercio e inversiones directas en el extranjero, y de vínculos indirectos como el precio de las materias primas y la competencia en mercados del Tercer Mundo[3].

En diciembre de 2011, el cuarto Foro de alto nivel sobre la eficacia de la ayuda que se realizó en Busán, Corea del Sur, destacó la creciente importancia de la cooperación Sur–Sur para el desarrollo[4]. La cooperación Sur–Sur se considera ahora una parte perfectamente integrada del programa de país del Fondo Internacional de Desarrollo Agrícola[5].

Recientemente, un número de economías emergentes, como Brasil, China, India, Malasia,

RECUADRO 12

China y la agricultura de África: rumores y realidades

Deborah Brautigam, IFPRI

No es fácil separar el rumor de la realidad respecto del compromiso de China en la agricultura africana. Los informes afirman que China creó un fondo de US$5.000 millones para la agricultura en África, envió un millón de agricultores a África, prometió US$800 millones para modernizar la agricultura en Mozambique, o labró inmensas extensiones de tierra en Zimbabue o Etiopía. El trabajo de campo de varios investigadores presenta un panorama diferente: La participación de China en la agricultura africana es más variada y más pequeña de lo que a menudo se cree.

Veamos, por ejemplo, la asistencia de China. Entre 1964 y 2009, los equipos de asistencia chinos idearon al menos 142 proyectos agrícolas que incluyeron granjas estatales, planes de riego y centros de demostración para gobiernos africanos. Sin embargo, la escasa sostenibilidad de esos proyectos hizo que los chinos revisaran su enfoque y dieran a las compañías chinas una función de liderazgo.

Así, en un experimento presentado en 2006, la asistencia de China financia 20 centros de investigación agrotecnológica, capacitación y demostración en África. Un instituto de investigación o empresa agroindustrial de China está construyendo cada uno de ellos a un costo de US$6 a US$9 millones. Los centros se especializarán en actividades elegidas por el país anfitrión. Por ejemplo, Etiopía desea que en su centro se demuestre la cadena de valor completa para las exportaciones hortícolas. China brindará la asistencia adicional para ayudar a administrar cada centro durante al menos tres años. Durante este período, los expertos chinos demostrarán cómo los centros pueden desarrollar actividades generadoras de ingresos para estimular la sostenibilidad

Sudáfrica, Turquía y varios países de Oriente Medio, han surgido como actores activos, cooperando en aspectos técnicos y económicos con regiones en desarrollo, especialmente África. La asistencia oficial para el desarrollo, o asistencia extranjera, de los donantes emergentes aumentó de US$4.600 millones en 2005 a US$10.400 millones en 2009 (figura 2). En 2008, estos donantes contribuyeron alrededor del 10% del flujo de asistencia mundial[6].

China está convirtiéndose rápidamente en un importante inversionista en África, pese a que su compromiso con la agricultura africana es más diversificado y reducido de lo que se considera en general (véase el recuadro 12). En el año 2000, China se ocupó de consolidar esta cooperación creando el Foro sobre Cooperación entre China y África, que se reúne cada tres años. Como parte de esta iniciativa, China incrementó considerablemente su presupuesto de asistencia en los años recientes, haciendo mayor hincapié en el desarrollo agrícola. Se calcula que la asistencia total de China a África se multiplicó casi por cuatro, de US$684 millones en 2001 a US$2.476 millones en 2009[7]. En la Reunión de Alto nivel sobre los Objetivos de Desarrollo del Milenio de las Naciones Unidas de 2010, China se comprometió a crear 30 centros de demostración para tecnologías agrícolas en otros países en desarrollo, enviar 3000 expertos y técnicos en agricultura a estos países e invitar a China a 5000 personas de estos países empleadas en la agricultura para recibir capacitación. Ya en 2011, China había creado 14 centros de investigación agrícola en varios países africanos.

La India también está reafirmando su cooperación con África. Por ejemplo, la Cumbre

FIGURA 2 Asistencia proveniente de economías emergentes, 2005–2009

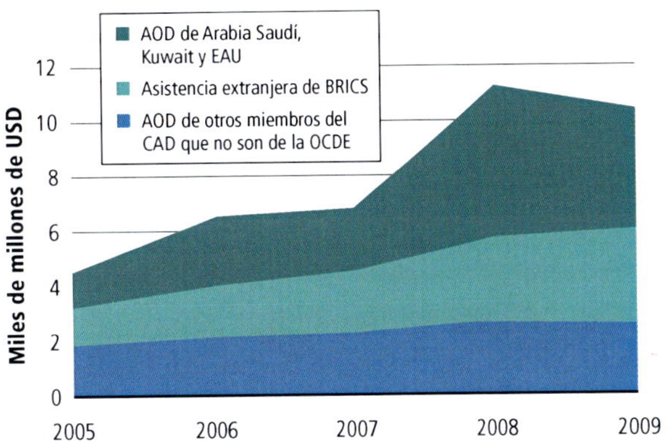

Fuente: Reproducido de K. Smith, *Non-DAC Donors and Humanitarian Aid: Shifting Structures, Changing Trends* (Somerset, Reino Unido: Development Initiatives, Global Humanitarian Assistance, 2011).
Notas: Los datos de asistencia son para asistencia oficial para el desarrollo (AOD). OCDE: Organización de Cooperación y Desarrollo Económicos; BRICS: Brasil, Rusia, India, China y Sudáfrica; y CAD: Comité de Asistencia para el Desarrollo.

(al tiempo que también identifican nuevas oportunidades de negocios para sus institutos y compañías).

En otro experimento, las compañías chinas comenzaron a arrendar algunos de los antiguos proyectos de ayuda de China de la década de 1990, ya que fueron privatizados: por ejemplo, el complejo azucarero de Sukula en Malí, Magbass en Sierra Leona y Koba en Guinea. En 2004, el Ministerio de Comercio de China comenzó a promover oportunidades en países específicos para las inversiones agrícolas chinas: algodón en Egipto, frutas y nueces en Nigeria, sisal en Tanzania, tabaco en Zimbabue y cultivos no específicos en Zambia, Etiopía, Guinea, Benín, República Democrática del Congo y Camerún.

A la fecha, pocas de las inversiones chinas existentes en África parecen exceder las 5.000 hectáreas. Varios de los proyectos más grandes de biocombustibles de China propuestos para Zambia (jatropha), Etiopía (caña de azúcar) y República Democrática del Congo (maíz) se estancaron o fueron abandonados. Como comentó un funcionario chino en Tanzania: "La agricultura es riesgosa. Es difícil que todas las partes puedan beneficiarse".

A menudo, las transferencias de tierras presentan riesgos de seguridad alimentaria para las comunidades locales, y las grandes granjas chinas no son una excepción. Sin embargo, son sorprendentemente muy pocas las evidencias que apoyan la suposición común de que el plan de China es usar la tierra de África para la seguridad alimentaria de la misma China. China no importa cereales de África, y la lista la encabezan más bien el algodón, las semillas de sésamo y el tabaco. Las compañías agroprocesadoras chinas tienen alianzas contractuales con pequeños agricultores locales que cultivan algodón (en Malaui, Mozambique y Zambia) y tabaco (en Zimbabue). La mayoría de las granjas chinas parece producir alimentos para los mercados locales. La evidencia, al menos por ahora, no respalda los rumores[1].

RECUADRO 13

Brasil: una potencia emergente en el sector de la agricultura

Beatriz da Silveira Pinheiro y Geraldo B. Martha Jr., Embrapa

En 2011, el superávit de las exportaciones agrícolas de Brasil superó los US$70.000 millones. El rendimiento general de la agricultura brasileña en las últimas cuatro décadas ha transformado el país de importador neto de varios productos a uno de los actores más importantes en el mercado internacional de materias primas agrícolas. En gran medida, la enorme transformación fue una respuesta a la creciente demanda de productos agrícolas impulsada por el proceso de industrialización entre las décadas de 1960 a 1980. Este período de industrialización se asoció con una creciente población, cada vez más rica y más urbana. El mayor costo de oportunidad de mano de obra para los agricultores llevó a un ambiente favorable para la modernización agrícola. En las últimas cuatro décadas, se realizaron enormes inversiones en iniciativas de investigación y desarrollo agrícolas incluso en los primeros años (décadas de 1970 y 1980), cuando la modernización de la agricultura brasileña era aún solo una promesa.

Como la producción de alimentos aumentó más que la demanda por los mismos, el precio real de los alimentos cayó: en el período de 1975 a 2010, los precios de los alimentos al consumidor se redujeron a la mitad. Esta enorme disminución en los precios de los alimentos, junto con la menor volatilidad de precios asociada, alivió las presiones inflacionarias y garantizó la seguridad alimentaria nacional. Además, los precios más bajos de los alimentos estimularon eficazmente a otros sectores de la economía porque al pagar menos por los alimentos se liberan ingresos, especialmente en el caso de los pobres. Brasil se concentró firmemente en las ganancias de productividad impulsadas por la tecnología, lo que se convirtió en una importante característica adicional de la expansión de la producción agrícola. Sin estas ganancias, alcanzar los niveles de producción de 2006 hubiera exigido una superficie agrícola adicional 30% más extensa que el bioma amazónico del país.

Este vigoroso crecimiento de la producción agrícola también permitió aumentar las exportaciones. En las últimas dos décadas, Brasil diversificó sus exportaciones y las oleaginosas, los cereales y la carne adquirieron gran relevancia. El superávit resultante de las exportaciones garantizó resultados positivos en la balanza comercial brasileña y respaldó los precios de los alimentos en los mercados del país con efectos positivos en los ingresos de los agricultores brasileños. Desde una perspectiva mundial, el aumento del volumen de las exportaciones agrícolas fue una importante contribución a la reducción del hambre mundial y las presiones inflacionarias del precio de los alimentos en los países en desarrollo.

La experiencia de Brasil en la producción de materias primas agrícolas en la región tropical y sus rápidos logros en tecnologías agrícolas con baja emisión de carbono, como los sistemas altamente productivos que integran agricultura y ganadería, reforzará su influencia en los mercados mundiales. Por el momento, el país utiliza menos del 50% de su superficie geográfica como tierra para agricultura. Esto, junto con la posibilidad de utilizar tecnologías agrícolas que aseguren la protección del medio ambiente y la expansión de la producción, fortalecerá aun más la posición del país en los mercados agrícolas.

No resulta sorprendente, entonces, que el éxito de la agricultura brasileña haya despertado el profundo interés de otros países en desarrollo, principalmente en África, América Latina y el Caribe, que desean conocer más acerca de las tecnologías agrícolas desarrolladas por Brasil. La Empresa Brasileña de Investigación Agropecuaria (Embrapa) respondió a esta creciente demanda con una considerable expansión de su participación en los proyectos de cooperación en otras regiones tropicales en los últimos cinco años, ampliando las posibilidades de alianzas fructíferas con otros países. Embrapa concentra su cooperación en la transferencia de tecnología, el fortalecimiento de capacidades y la cooperación en investigación.

del Foro de África–India creada en 2008 está reforzando el camino hacia una mayor cooperación, como la transferencia de tecnologías agrícolas para satisfacer las necesidades reales de los agricultores de pequeña escala en África. La India es un líder en tecnología tropical, no solo en términos de variedades mejoradas sino también de tecnologías de gestión de recursos, que son igualmente importantes para satisfacer las necesidades de los agricultores. La India también participa activamente en las iniciativas interregionales para la India, Brasil y Sudáfrica, que crearon el Fondo para el alivio de la pobreza y el hambre en África (*Facility Fund for Alleviation of Poverty and Hunger in Africa*) en 2003.

Sudáfrica, que es en sí un líder en tecnología agrícola, es un actor clave en la transferencia de tecnologías a países africanos asociados. En América Latina, Brasil ha participado activamente en la cooperación Sur–Sur para el desarrollo agrícola, tanto dentro de América Latina como en otras regiones en desarrollo, especialmente África. En África, Brasil se centró inicialmente en los países de habla portuguesa como Angola, Cabo Verde, Guinea-Bissau y Mozambique, pero la inauguración de Embrapa, el organismo de investigación agrícola de Brasil, en Ghana en 2006 apunta a una nueva fase de su cooperación Sur–Sur. Más recientemente, otros países africanos, como Benín, la República Democrática del Congo, Etiopía, Ghana, Guinea y Kenya, celebraron acuerdos de cooperación técnica con Embrapa y comenzaron a instrumentar proyectos conjuntos.

EL SECTOR PRIVADO

El sector privado también está asumiendo un papel más importante en la investigación agrícola, la mitigación de la pobreza y la sostenibilidad ambiental. En enero de 2011, el Foro Económico Mundial aprobó una innovadora guía de desarrollo agrícola para sus partes interesadas[8]. La guía, desarrollada por 17 compañías internacionales, fue diseñada para potenciar las inversiones de los sectores público y privado, compartir mejores prácticas ambientales, desarrollar mercados agrícolas (incluyendo oportunidades para pequeños agricultores), y mejorar el acceso a alimentos nutritivos y de precio razonable. Esto representa un paso importante en el creciente compromiso del sector privado con el discurso mundial sobre el desarrollo agrícola y la seguridad alimentaria.

El sector privado se ha convertido ahora en uno de los principales 10 donantes del Programa Mundial de Alimentos. Asimismo, se implementaron nuevos protocolos de emergencia que ponen de relieve las alianzas con el sector privado a fin de ayudar al Programa Mundial de Alimentos a mejorar su capacidad para salvar vidas y medios de subsistencia en situaciones de desastres y emergencias tales como las más recientes en Haití, Pakistán y el Cuerno de África. El Fondo de apoyo a la industria minorista de alimentos (*Food Retail Industry Challenge Fund*, FRICH) del Departamento de Desarrollo Internacional (DFID) del Reino Unido es otra iniciativa que ayuda a agricultores africanos a través de alianzas comerciales innovadoras. El fondo está orientado a mejorar las vidas de los agricultores africanos aumentando las importaciones en Europa de productos agrícolas provenientes de los países más pobres de África Subsahariana. Por el momento, el fondo financia 11 alianzas innovadoras que vinculan a los agricultores con mercados europeos.

En los países en desarrollo, las cadenas de valor de la mayoría de los productos alimentarios básicos son ineficientes y tienen costos de transacción altos que generan precios altos de los alimentos. En la reunión de ministros de agricultura del G20 sobre seguridad alimentaria que se realizó en París, los participantes analizaron de qué modo podía el sector privado ayudar a estabilizar los mercados mundiales de alimentos y reducir la volatilidad de precios. Los ministros se comprometieron conjuntamente a potenciar las inversiones del sector privado utilizando tecnologías e información disponibles para estabilizar los mercados mundiales de alimentos y brindar oportunidades a los agricultores y consumidores pobres ante picos de precios, volatilidad y niveles de hambre extraordinarios. Sus deliberaciones recalcaron que el sector privado puede ayudar a solucionar la inseguridad alimentaria pero que sus actividades deben llevarse a cabo en colaboración con los gobiernos como parte de una estrategia integrada a fin de que el sistema alimentario mundial sea más sostenible[9]. Los líderes mundiales acordaron métodos para coordinar mejor las iniciativas de los sectores público y privado, como por ejemplo, la formación de alianzas en el plano nacional para interesar al sector privado en el desarrollo agrícola sostenible y la creación de un foro mundial para intercambiar prácticas óptimas y aportar información al G20 regularmente.

ORGANIZACIONES FILANTRÓPICAS

Las organizaciones filantrópicas privadas y de la sociedad civil están promoviendo la agenda de desarrollo agrícola mundial a una escala mucho más grande que hace solo una década. Muchas organizaciones no gubernamentales internacionales están transformándose, adoptando nuevas metas y enfoques, movilizando recursos para programas de desarrollo y participando con mayor independencia de los programas financiados por los gobiernos.

> El sector privado figura ahora entre los 10 donantes principales del Programa Mundial de Alimentos.

La Fundación de Bill y Melinda Gates ha invertido en un programa de desarrollo agrícola creado para ayudar a pequeños agricultores de África Subsahariana y Asia Meridional a estimular su productividad, aumentar sus ingresos y forjar mejores vidas para sus familias. En la década pasada (figura 3), el Grupo Consultivo para la Investigación Agrícola Internacional (CGIAR) pasó a ser un importante donante. A junio de 2011, la Fundación había comprometido aproximadamente US$12.000 millones para investigación y desarrollo agrícolas, políticas agrícolas y acceso a sistemas de mercado, así como para servicios financieros destinados a los pobres, saneamiento de aguas e higiene y promoción de políticas.

También han surgido otras organizaciones filantrópicas como importantes colaboradores del desarrollo agrícola, la mitigación de la pobreza, la gestión de recursos naturales y la gestión de riesgos. Por ejemplo, los fideicomisos Sir Ratan Tata Trust y Navajbai Ratan Tata Trust de la India están financiando actividades relacionadas con medidas de protección contra sequías, microfinanciamiento y restablecimiento de la Revolución Verde. Durante 2010–2011, el fideicomiso asignó US$31 millones, de los cuales el 75% se destinó a medios de subsistencia y comunidades rurales[10]. La Fundación Howard G. Buffet ha financiado proyectos sobre agricultura para la nutrición en más de 74 países, 32 de ellos en África. Estos proyectos están diseñados para beneficiar a más de 1,5 millones de personas y procuran solucionar problemas tales como el escaso rendimiento de los cultivos, el éxito limitado en ganadería, bajos ingresos y hambre crónica en comunidades vulnerables. La Fundación también respalda iniciativas mundiales sobre la agricultura de conservación. De modo similar, la Fundación PepsiCo (brazo filantrópico de PepsiCo) propicia alianzas y programas para mejorar la salud, el medio ambiente y la educación en regiones marginadas.

Los progresos de 2011 continuaron en 2012, con el lanzamiento por parte de Unilever en el Foro Económico Mundial de 2012 de una fundación de beneficencia cuya meta es ayudar a más de 1.000 millones de personas a mejorar su salud y bienestar. También colabora con el Proyecto "Rayo Láser" del Programa Mundial de Alimentos para ayudar a erradicar el hambre y la pobreza en Bangladesh e Indonesia. Aliada con otras organizaciones, ha

FIGURA 3 **Diez principales donantes del CGIAR, 2000–2010**

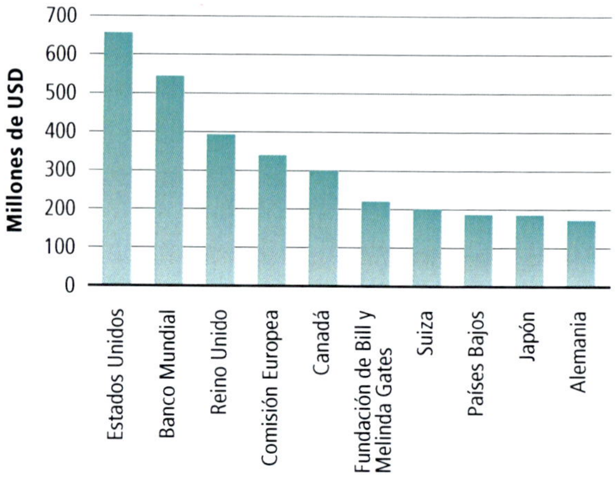

Fuente: Grupo Consultivo para la Investigación Agrícola Internacional, *The CGIAR at 40 and Beyond: Impacts that Matter for the Poor and the Planet* (Washington, DC, 2011).

RECUADRO 14

Filantropía privada y políticas públicas

Prabhu Pingali, Fundación Bill y Melinda Gates

El surgimiento de organizaciones sin fines de lucro en los pasados quince años ha transformado la naturaleza de la oferta de asistencia de manera considerable. Para 2011, el sector de la filantropía ya se había sumado a las diversas organizaciones que operan en el plano internacional y al flujo de asistencia total. Pese a que no existen estadísticas consolidadas, se calcula que la asistencia privada mundial se duplicó entre 2004 y 2009. De la misma manera, las donaciones privadas a países en desarrollo, que ascendieron a un valor de US$52.500 millones en 2009, bien pueden compararse en cuanto a su escala a la asistencia oficial para el desarrollo asignada a sectores1.

En el sector agrícola, el aumento de las donaciones filantrópicas en paralelo con el surgimiento de nuevos donantes bilaterales, como Brasil, Rusia, India, China y Sudáfrica (BRICS) y Corea, se produce en un momento crítico, cuando los niveles de las inversiones en desarrollo agrícola siguen siendo en buena parte insuficientes. El considerable retiro del respaldo de donantes y de la atención de los gobiernos nacionales a la agricultura a mediados de la década de 1980, después del éxito de la Revolución Verde, dejó al sistema alimentario mundial en estado de parálisis. El estancamiento y la disminución resultante en el crecimiento de la productividad agrícola se sintieron en gran parte de África y Asia Meridional. Recientemente, la comunidad internacional renovó su interés en la agricultura, después de las crisis de los precios de los alimentos de 2007–2008 y 2011, y las tendencias de la ayuda privada y bilateral pueden señalar el comienzo de una nueva ola de desarrollo agrícola internacional y, en definitiva, una mejor seguridad alimentaria en todo el mundo.

Más allá de los flujos de ayuda, el sector de la filantropía también ha cambiado el modo en que se canaliza dentro de los países la asistencia para la agricultura. Las organizaciones no gubernamentales comprometido US$50 millones durante un período de cinco años para crear una solución repetible y sostenible orientada a las personas de extrema pobreza, especialmente las mujeres[11].

La Fundación Rockefeller ha reorientado su misión filantrópica para promover el bienestar humano centrándose más precisamente en África. En 2006, lanzó la Alianza para una Revolución Verde en África (AGRA, por sus siglas en inglés), en asociación con la Fundación de Bill y Melinda Gates. Esta organización, basada en África y liderada por África, tiene la misión de aumentar en forma sostenible la productividad y rentabilidad de las granjas de pequeños agricultores de toda África. Procura brindar acceso a semillas más resilientes y de rendimiento más alto y más estable, promover la sanidad y productividad de los suelos, desarrollar mercados agrícolas locales, nacionales y regionales más eficientes, promover mejores políticas y crear alianzas para desarrollar las tecnologías y los cambios institucionales necesarios a fin de lograr una revolución verde. La AGRA recibió una subvención de US$5 millones para 2011 y 2012 de la Fundación de Bill y Melinda Gates y de la Fundación Rockefeller para mejorar la productividad y los ingresos de los agricultores de pequeña escala en África, integrando sus programas con los de colaboradores tales como los gobiernos africanos, los centros CGIAR, el sector privado y diversos programas de redes en las regiones agrarias de países clave[12].

HACIA UNA NUEVA DINÁMICA DE DESARROLLO

El surgimiento de nuevos actores alimentó los llamamientos para que los nuevos actores estatales y no estatales se involucren aun más en la gestión de la seguridad alimentaria mundial. En especial, el G20 llenó un vacío en la gobernanza mundial con la creación de coaliciones que conectan a los países avanzados con los países en desarrollo. Por ejemplo, el G20 afirmó su apoyo para una participación más amplia del Comité de Seguridad Alimentaria Mundial en su reunión de ministros de agricultura que se llevó a cabo en junio de 2011[13]. En su Declaración Ministerial, el G20 señaló su respaldo a la tarea continua del Comité como la plataforma internacional e intergubernamental más destacada e inclusiva. En particular, hizo hincapié la responsabilidad del Comité de intensificar la intervención del sector privado y de fortalecer la cooperación Norte–Sur, Sur–Sur y triangular. El Comité de Seguridad Alimentaria Mundial, en su propia cumbre de octubre de 2011 en Roma, incluyó en la mesa por primera vez tanto al sector privado como a organizaciones filantrópicas.

internacionales, así como las organizaciones de voluntarios, han podido prestar servicios y entregar bienes públicos esenciales, asumiendo por lo tanto roles esenciales que no pueden asumir los gobiernos o donantes internacionales. Mientras tanto, las fundaciones privadas se han centrado en fortalecer la capacidad de las instituciones de desarrollo locales que pueden adaptar soluciones a las condiciones locales. Además, con inversiones en todos los niveles de las cadenas de valor agrícolas, las fundaciones privadas han catalizado el desarrollo y las pruebas experimentales de soluciones, enfoques y modelos innovadores, desde sembrar semillas de alta calidad y mejorar las prácticas de gestión de labranza hasta racionalizar los métodos para llevar los cultivos al mercado.

La Fundación Bill y Melinda Gates emergió en los últimos años, junto a importantes donantes multilaterales y bilaterales, como uno de los contribuyentes líderes para la asistencia al desarrollo agrícola. Entrega aproximadamente US$400 millones por año en subvenciones para el sector de la agricultura, haciendo especial hincapié en el desarrollo de la productividad de los pequeños agricultores en África Subsahariana y Asia Meridional. Durante todo el año 2011, la Fundación dedicó US$2.000 millones a su Programa de Desarrollo Agrícola, que ha ayudado a los asociados a iniciar sus actividades colaborativas tanto en (1) el nivel mundial, ayudando por ejemplo a la investigación y el desarrollo agrícolas de alta complejidad del CGIAR, y (2) los niveles nacional y local brindando apoyo directo a los agricultores y las situaciones en las que se desenvuelven (incluidos los sistemas socioeconómicos, ecológicos, y de conocimientos). Las inversiones han abarcado desde el desarrollo de bienes públicos mundiales (como mejoras en las variedades de cultivos y razas de ganado, prácticas agrícolas e información y estadísticas de agricultura) hasta la implantación y el seguimiento de programas exitosos (por ejemplo, por medio de esfuerzos para corregir los errores de los mercados locales o asegurar que las herramientas mejoradas puedan ser utilizadas por los agricultores). La Fundación considera que estos esfuerzos de colaboración ayudarán a mejorar la productividad de los pequeños agricultores y a reducir la pobreza en África Subsahariana y Asia Meridional.

RECUADRO 15

El sector privado y la seguridad alimentaria

Derek Yach, PepsiCo

En 2011, PepsiCo Inc. anunció una alianza con la Agencia de los Estados Unidos para el Desarrollo Internacional y el Programa Mundial de Alimentos destinada a crear estabilidad económica para los pequeños agricultores que producen garbanzos en Etiopía. Los asociados trabajan junto con agricultores etíopes, fabricantes de alimentos locales, institutos de investigación y donantes para aumentar la productividad de los garbanzos entre los pequeños agricultores, desarrollar productos alimentarios que puedan reducir el hambre y, en el futuro, crear exportaciones para mejorar los medios de subsistencia y apoyar también parte de las necesidades de las cadenas de suministro de PepsiCo.

Este es un ejemplo de cómo las empresas privadas pueden contribuir a la seguridad alimentaria. PepsiCo, que realiza grandes negocios de creciente importancia con humus a base de garbanzos, así como otras empresas, buscan constantemente maneras de crear nuevos mercados, invertir en economías emergentes, garantizar la sostenibilidad ambiental e impulsar el crecimiento y la rentabilidad a largo plazo de sus empresas. Estas metas a menudo se superponen con los objetivos de las organizaciones públicas y otras instituciones que procuran eliminar el hambre y reducir la pobreza. El Foro Económico Mundial, con su Nueva visión para la agricultura, ha reconocido los beneficios de estas asociaciones entre los sectores públicos y privados, y está estimulando y desarrollando programas con múltiples partes interesadas en varios países[1]. El enfoque de colaboración entre múltiples partes interesadas en las políticas alimentarias mundiales resulta atractivo para las empresas porque reduce los riesgos que comparten con otros

La cooperación Sur–Sur está comenzando a formar parte de los programas mundiales de trabajo para la eficacia de la asistencia[14]. La cooperación triangular entre donantes de asistencia tradicionales, donantes de asistencia emergentes y países destinatarios está progresando. Gran parte del compromiso de China con la agricultura africana se expresa en su donación de US$30 millones en 2009 destinada al Programa especial para la seguridad alimentaria de la Organización

> El G20 en particular llenó un vacío en la gobernanza mundial con la creación de coaliciones que abarcan tanto países avanzados como países en desarrollo.

de las Naciones Unidas para la Alimentación y la Agricultura. Muchas agencias de asistencia bilateral, como las de Alemania, Japón y el Reino Unido, están cerrando sus programas bilaterales en China pero también están explorando activamente nuevas alianzas con China para brindar asistencia a África. Por ejemplo, después de cerrar su programa bilateral en marzo de 2011, el DFID China comenzó a desarrollar actividades conforme al Programa de alianza para el desarrollo mundial (*Global Development Partnership Programme*), que es en nuevo marco del DFID para interesar a las potencias emergentes y nuevos asociados en el desarrollo mundial. El Programa respaldará las actividades de colaboración con China en sectores tales como agricultura, cambio climático y salud, algunos de los cuales tendrán como objetivo atender a determinados países en desarrollo.

La Fundación de Bill y Melinda Gates también está iniciando su propia colaboración con economías emergentes en África[15]. En noviembre de 2011, la Fundación anunció una alianza con el Gobierno de Brasil, orientada a mejorar la productividad agrícola de los pequeños agricultores en África Subsahariana y Asia Meridional. Se adjudicó una subvención de aproximadamente US$2,5 millones a Embrapa para posibilitar la colaboración de organizaciones de investigación agrícola brasileñas y africanas en materia de desarrollo agrícola y con el fin de mejorar la productividad de los pequeños agricultores en los países en desarrollo. Casi simultáneamente, la Fundación Gates y el Ministerio de Ciencia y Tecnología de China celebraron un acuerdo para producir tecnologías innovadoras con el objeto de estimular el progreso de los países en desarrollo y promover el logro de los Objetivos de Desarrollo del Milenio. Estas alianzas demuestran el papel fundamental que pueden desempeñar las economías emergentes como Brasil y China para impulsar sectores, tales como los relacionados con el cambio climático y la volatilidad de los precios de los productos básicos esenciales, así como los riesgos que comparten con otras empresas privadas, por ejemplo al introducirse en mercados nuevos. Las iniciativas que involucran a interesados múltiples permiten utilizar fuentes de financiamiento mixtas entre el sector público y el sector privado que satisfacen las necesidades de rentabilidad del sector privado y la necesidad de los organismos de desarrollo de mejorar el desarrollo rural y aliviar la pobreza. También permiten realizar inversiones escalonadas en infraestructura que resultan beneficiosas para las empresas los negocios y para la sociedad.

La participación de PepsiCo en este tipo de debates y medidas con interesados múltiples está cambiando la forma en que la empresa conduce sus negocios y con quiénes se asocia. Por ejemplo, en una iniciativa conjunta con el Ministerio de Agricultura de China, PepsiCo anunció que construiría y gestionaría fincas de demostración que utilizan las técnicas más avanzadas de riego, fertilización y manejo de cultivos[2]. PepsiCo mostró un aumento en los rendimientos de la papa en China a 45 toneladas por hectárea, lo cual cumple con la norma mundial, logrando al mismo tiempo una reducción del 50% en el consumo de agua en el cultivo de la papa implementando técnicas de riego avanzadas[3]. En México, a través de una asociación con el Banco Interamericano de Desarrollo y el gobierno, la empresa ha realizado inversiones conjuntas para aumentar la capacidad de producción de girasol, que reducirá la dependencia de PepsiCo del aceite de palma y que, por medio de acuerdos de compra anticipada, sacará a los agricultores locales de la pobreza. En la India, PepsiCo trabaja con académicos y grupos locales de percepción del consumidor para aumentar el acceso de las mujeres jóvenes a productos nutritivos fortificados con hierro y de precio razonable; esto permitirá a la empresa llegar a las comunidades rurales pobres y compartir mensajes que tengan sentido para ellas[4].

Las empresas como PepsiCo tienen perspectivas y puntos de vista nuevos que resultan útiles para combatir el hambre y la pobreza. No obstante, el sector privado no tiene todas las respuestas. El establecimiento de alianzas, la colaboración y el intercambio de conocimientos entre los sectores público y privado, así como con la sociedad civil, son realmente las prácticas que podrán ayudar a resolver los retos del desarrollo y beneficiar a las comunidades de todo el mundo.

la innovación con miras a reducir la pobreza y el hambre mundiales.

Sin embargo, las oportunidades que presentan estos nuevos actores no han sido aún plenamente aprovechadas[16]. Parece existir un consenso en cuanto a que el aumento en las inversiones en agricultura debería otorgar prioridad a la producción de alimentos por parte de pequeños agricultores, pero la Nueva visión para la agricultura africana, presentada por 17 corporaciones multinacionales en el Foro Económico Mundial de 2011 no hizo mención alguna ni de las organizaciones de pequeños agricultores ni del Comité de Seguridad Alimentaria Mundial[17]. Al mismo tiempo, hasta hace muy poco el sector privado estuvo mayormente ausente en el Comité de Seguridad Alimentaria Mundial reformado y su presencia fue esencialmente limitada a las corporaciones multinacionales, pese a que se han propuesto nuevas formas de participación para el sector privado[18]. Para hacer intervenir a los nuevos actores y retener a los actores tradicionales en el sistema de seguridad alimentaria mundial, es esencial fortalecer la colaboración y aumentar la confianza entre las diferentes partes interesadas, estableciendo coaliciones sólidas de socios bien dispuestos en los planos local, regional y mundial. ■

Capítulo 9

AVANCES REGIONALES

Las políticas alimentarias toman forma en el plano local

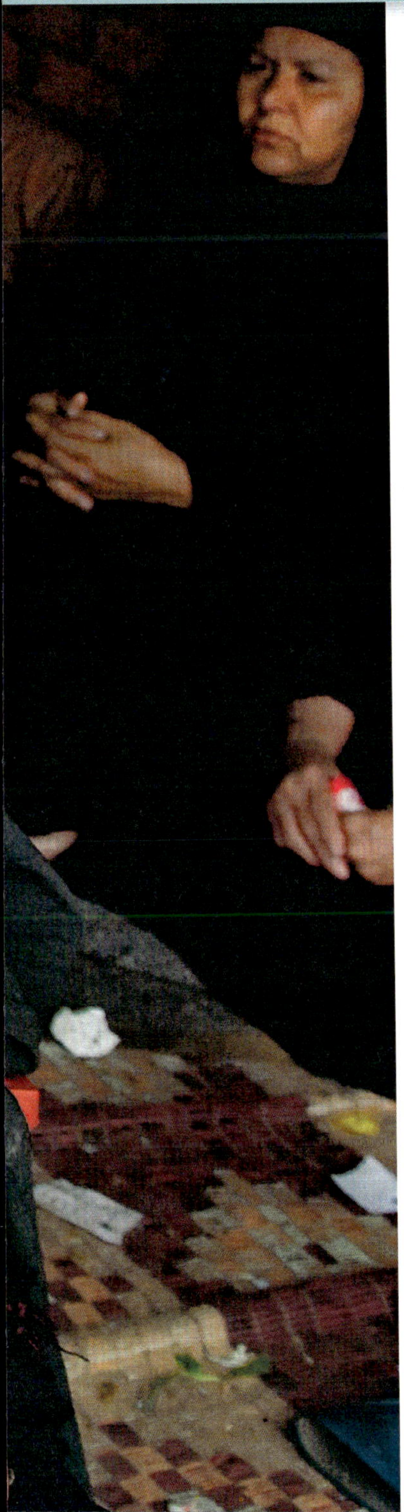

EN 2011, ADEMÁS DE LOS DESAFÍOS Y LAS oportunidades mundiales para las políticas alimentarias, se produjeron importantes avances con repercusiones potencialmente muy diversas en regiones y países individuales, mismas que se analizan en este capítulo. A comienzos de 2011, los sucesos en Túnez avivaron el "despertar árabe" en el norte de África y el mundo árabe, planteando nuevos desafíos a la seguridad alimentaria en la región. Más al sur, África Subsahariana progresó dentro del marco del continente en sus esfuerzos por aumentar el desarrollo agrícola y así mejorar la seguridad alimentaria y reducir la pobreza. Esos esfuerzos también aplican al aumento de la productividad agrícola y los ingresos y al logro simultáneo de una transformación económica más allá de la agricultura. Por lo tanto, pese a que la crisis alimentaria golpeó al Cuerno de África, el progreso en otras regiones contradice la imagen de un continente sumergido en el pesimismo. Después de haber logrado crecimiento económico y mayor productividad agrícola, la India volcó su atención a la seguridad alimentaria interna. Respondió a un extraordinario movimiento de derecho-a-los-alimentos instrumentando el programa más importante del mundo en la lucha contra el hambre, y reavivó otras iniciativas ideadas para superar la malnutrición, que continúa siendo alta pese al éxito económico del país.

La seguridad alimentaria interna también fue la meta primaria de las más importantes políticas e inversiones alimentarias de China en 2011, que se concentraron en la conservación del agua y en la investigación y el desarrollo agrícolas. China también se dedicó al desarrollo agrícola en otros países, especialmente en África, pese a que su participación es más pequeña y duradera de lo que a menudo se cree (véase el recuadro 12 en el capítulo 8). Brasil ha adoptado medidas aun más dinámicas para aumentar su rol en el sistema alimentario mundial. El país amplió con éxito su producción agrícola, y esto le permitió consolidar su posición en los mercados agrícolas mundiales pasando así a ser un actor cada vez más activo en el plano internacional (véase el recuadro 13 en el capítulo 8).

Oriente Medio y norte de África

El despertar árabe y la seguridad alimentaria

Clemens Breisinger, Olivier Ecker, Perrihan Al-Riffai y Bingxin Yu, IFPRI

La autoinmolación de un joven tunecino en diciembre de 2010 suscitó una ola de protestas y alzamientos en todo el mundo árabe en 2011. El despertar árabe repercutió más directamente en Bahrein, Egipto, Libia, Siria, Túnez y Yemen, pero también podría impulsar el cambio en otros países árabes. Sin embargo, las oportunidades fueron acompañadas de importantes desafíos para los gobiernos y la sociedad civil. En el corto plazo, los países en transición han padecido una aguda desaceleración en su crecimiento económico y el consiguiente aumento del desempleo. Además, la incertidumbre política, junto con el aumento de precios de los alimentos y los combustibles, provocó incrementos generalizados en los subsidios a los alimentos y los combustibles, los salarios del sector público y otros gastos gubernamentales en bienestar social[1]. Como resultado, los países importadores de petróleo en particular enfrentan un creciente déficit presupuestario y se anticipa que se agravará la inflación en los países tanto exportadores como importadores de petróleo. Se prevé asimismo la contracción de las reservas de divisas. Por otra parte, el conflicto y las inquietudes en materia de seguridad han desalentado el turismo, las remesas y las inversiones directas extranjeras en toda la región[2]. Para que la transición tenga éxito, será fundamental superar estos desafíos de corto plazo.

Para lograr la prosperidad también se deberá hacer frente a los desafíos persistentes en la región. No se trata de problemas políticos solamente sino también socioeconómicos que seguramente contribuyeron al comienzo del despertar árabe[3]. Algunos de estos factores socioeconómicos son el desempleo, especialmente entre los jóvenes, el incremento de las disparidades en los ingresos y un gran riesgo de inseguridad alimentaria tanto para los países como para los hogares (figura 1). Pese a que el gasto público en los países árabes es alto, su contribución al crecimiento económico es inferior a la de otras regiones del mundo. Además, el crecimiento económico no beneficia a los pobres en los países árabes tan fácilmente como lo hace en el resto del mundo. Por ejemplo, en la mayoría de los países, el crecimiento agrícola genera reducciones sustanciales en la subnutrición infantil, pero eso no sucede en los países árabes. El crecimiento impulsado por el sector manufacturero y el de servicios en la región árabe está más en consonancia con el resto del mundo y, dado un ambiente propicio para las actividades comerciales, estos sectores tienen un gran potencial para generar empleos e impulsar mejoras en el bienestar de los pobres.

Encontrar soluciones a estos desafíos exigirá un plan general económico amplio y estrategias de desarrollo específicas para cada país. La investigación puede contribuir pruebas que permitan identificar las ventajas y desventajas de opciones alternativas de políticas. A fin de mejorar la seguridad alimentaria y reducir la pobreza, los diseñadores de políticas árabes deben concentrarse en las siguientes esferas clave:

1. **Mejorar los datos y la capacidad de tomar decisiones con base empírica.** Las decisiones que se fundamentan sobre datos errados pueden dañar las economías, perjudicar el bienestar de la población y llevar a considerables pérdidas financieras, de manera que los diseñadores de políticas y los votantes necesitan contar con datos de referencia realistas y exactos. Actualmente, algunas cifras oficiales, como los indicadores oficiales de pobreza y desigualdad, pueden subestimar la trascendencia de los problemas que enfrentan muchos países árabes. Si se reconoce que esos datos son errados, se podrá aumentar la credibilidad de los diseñadores de políticas y estos podrán fijar metas que puedan utilizarse para evaluar en forma más realista el progreso futuro. Los países no solo deben mejorar la calidad de sus datos sino, también, hacer que esos datos sean más accesibles.

2. **Promover el desarrollo en favor de una mayor seguridad alimentaria.** Es fundamental promover el crecimiento económico para mejorar la seguridad alimentaria, aunque ciertos tipos de crecimiento son más eficientes en mejorar la seguridad alimentaria en el plano nacional, mientras

FIGURA 1 El riesgo de inseguridad alimentaria en los países árabes, más Irán y Turquía, 2011

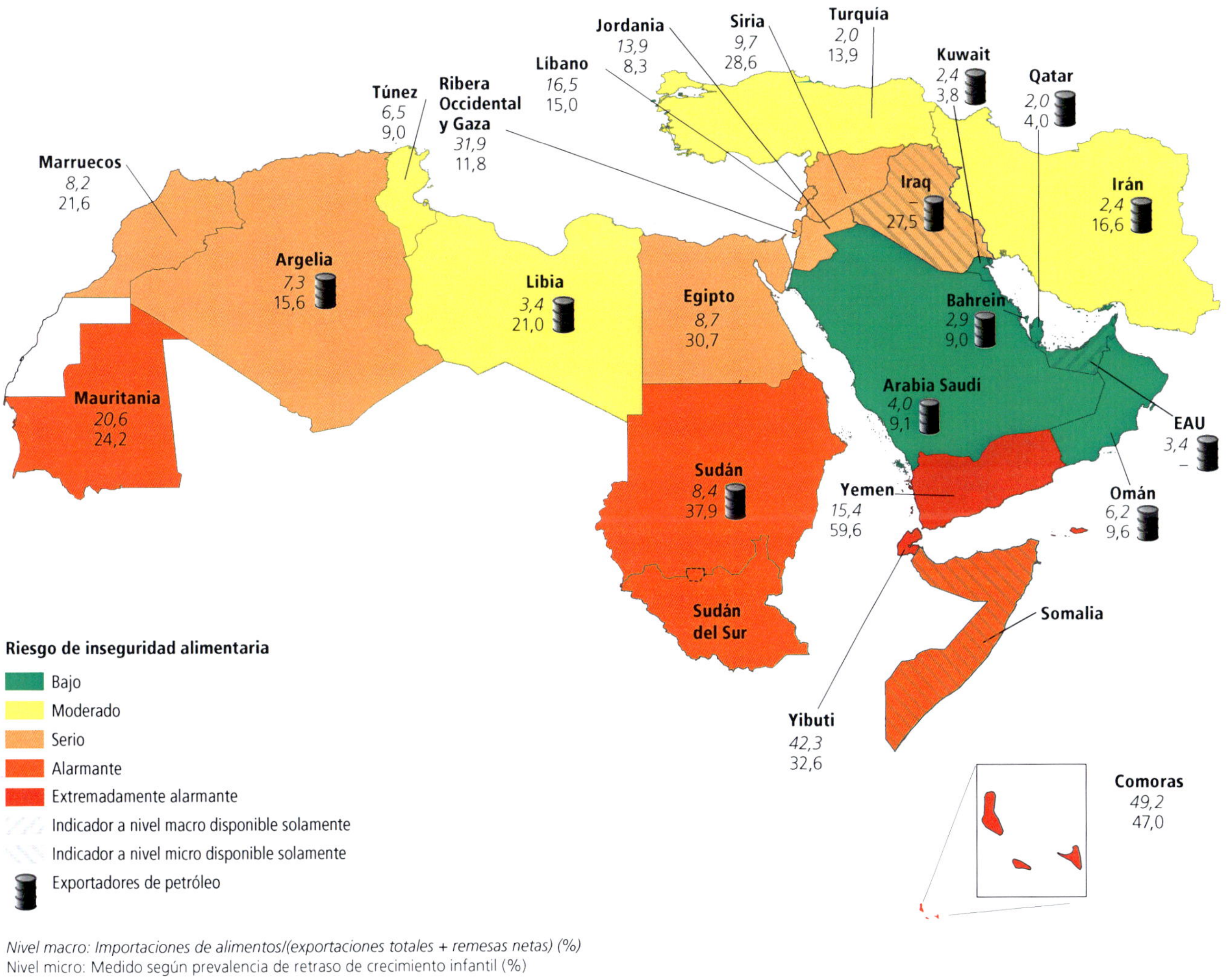

Fuente: C. Breisinger, O. Ecker, P. Al-Riffai y B. Yu, *Beyond the Arab Awakening: Policies and Investments for Poverty Reduction and Food Security*, Informe sobre políticas alimentarias del IFPRI (Washington, DC: Instituto Internacional de Investigación sobre Políticas Alimentarias, 2012). Nota: El riesgo de inseguridad alimentaria describe la vulnerabilidad de los países (nivel macro) y de los hogares (nivel micro).

que otros tipos tienen efectos más profundos en la seguridad alimentaria de los hogares. El crecimiento impulsado por las exportaciones genera ingresos en divisas por importaciones alimentarias y así mejora la seguridad alimentaria en el plano nacional. El crecimiento inclusivo que genera empleos y aumenta los ingresos de los pobres mejora la seguridad alimentaria al nivel de los hogares. El crecimiento, combinado con los sistemas tributarios adecuados, también genera rentas públicas que pueden orientarse al gasto público en seguridad alimentaria.

3. **Mejorar la eficiencia y la asignación del gasto público.** Los países árabes necesitan urgentemente analizar la eficiencia y la asignación de su gasto público y mejorarlo donde sea necesario. Por lo general, la mayoría de los países exportadores de petróleo con superávit fiscal pueden compensar las ineficiencias aumentando el gasto, mientras que los países importadores de petróleo con déficit fiscal deben reasignar sus gastos y mejorar la eficiencia de los mismos para lograr metas de desarrollo. Sin embargo, tanto los importadores como los exportadores de

petróleo deben tener un genuino interés en lograr que sus gastos generen rendimientos superiores. Una amplia variedad de factores específicos de cada país incide en la eficiencia del gasto público, como por ejemplo el nivel de desarrollo económico, el tamaño del sector público, la competencia del sector público, la gobernabilidad, la estabilidad política y la seguridad de los derechos de propiedad. Como en el caso de las estrategias de crecimiento, los planes de inversión deben contemplar las condiciones específicas de cada país. Estos planes de inversión también deben estructurarse con las estrategias de crecimiento en los niveles subsectorial y subnacional para asegurar máxima coherencia y efectos óptimos en el desarrollo.

El diseño y la implementación de éstas y otras prioridades en materia de políticas e, inversiones exigirán un liderazgo visionario, leyes e instituciones firmes, políticos que sean asuman responsabilidad y sepan escuchar la voz de la población, así como una sociedad civil paciente y que acepte los principios de la democracia. El mundo árabe ha despertado. Ya es hora de adoptar las medidas necesarias para un mundo árabe con seguridad alimentaria y sin pobreza.

África

Pasar de la recuperación a la transformación económica

Ousmane Badiane, IFPRI

Después de décadas de estancamiento, las economías africanas se embarcaron en una excepcional recuperación que comenzó a fines de la década de 1990 y que continúa hasta el día de hoy. Como región, África Subsahariana está creciendo a tasas que en promedio exceden el 5% anual[4]. El siguiente desafío para los países africanos es pasar de la recuperación a la transformación económica (véase el recuadro 16). Una transformación de este tipo requerirá que los países aumenten la productividad en los sectores agrícola y rural, mientras que también diversifican la producción de bienes y servicios de valor real superior en sectores urbanos de manufactura y servicios. El resultado sería una mayor productividad económica en general y un progreso marcado en elevar los ingresos rurales al nivel de los ingresos urbanos.

CRECIMIENTO DESEQUILIBRADO

Durante la mayor parte del período que precedió a la recuperación actual, la productividad general en los

RECUADRO 16

Esfuerzos de progreso en la agricultura de África

Tsitsi Makombe, IFPRI

El año 2011 trajo consigo un importante progreso en la implementación del Programa general para el desarrollo de la agricultura en África, el marco continental de la Unión Africana que guía las iniciativas nacionales para impulsar el crecimiento agrícola y el progreso hacia la reducción de la pobreza y el logro de la seguridad alimentaria y nutricional. Seis países organizaron mesas redondas dentro del Programa y firmaron pactos, lo que elevó a 29 el número de países que ya lo hicieron. La mayoría de los países han ahora adoptado un plan de inversión agrícola nacional después de una revisión técnica del mismo y de una reunión de negocios que lo convalidó, determinando también la forma en que se ha de financiar.

En los planes de inversión agrícola nacionales, los países se comprometieron a mejorar el nivel de sus inversiones agrícolas. El Programa pide a los gobiernos que aumenten el gasto agrícola al 10% del presupuesto nacional y que logren una tasa de crecimiento agrícola anual de 6%. Según los datos más recientes disponibles, solo 8 países alcanzaron la meta presupuestaria del 10%, mientras otros 17 lograron tasas de crecimiento de al menos el 6% en 2009[1]. Se espera que un mayor número de países se acerque a la meta presupuestaria después de adoptar los planes de inversión agrícola nacionales. Por ejemplo, la participación de la agricultura en el presupuesto de Ruanda era de solo el 3,5% en 2007, cuando el país firmó el pacto. Pero después de que completó un plan de inversión agrícola nacional en 2009, esa cuota aumentó a 6,8% en 2010–2011[2].

En 2011, los donantes intensificaron sus iniciativas de alineación y armonización con el Programa. Financiaron el Programa en forma bilateral y multilateral a través de su Fondo fiduciario de donantes múltiples y el Programa Mundial de Agricultura y países africanos se había estancado, en el mejor de los casos. Esto sucedió porque la mano de obra emigró del sector agrícola (cuyo desempeño es relativamente superior) al sector no agrícola, el cual está dominado por el sector de servicios menos productivo, aunque en rápida expansión[5]. Algunos de los principales factores detrás de este proceso han sido la relativa falta de atención hacia la agricultura por parte de las políticas nacionales y la rapidez del ritmo de urbanización. Como la proporción de personas empleadas en la agricultura ha caído mucho más rápidamente de lo que aumentó su productividad, la agricultura, medida en cantidad porcentual del producto interno bruto (PIB), ha disminuido con rapidez en la mayoría de los países africanos. En la mayoría de estos países, la mano de obra emigró de la agricultura más rápidamente de lo que pudo ser absorbida por el sector no agrícola, menoscabando el crecimiento de la productividad no sólo en la agricultura sino en la economía en su totalidad. El problema es tanto el crecimiento lento de la agricultura como la escasa absorción de la mano de obra fuera de la agricultura.

En un país africano típico, el tamaño del sector agrícola como parte del PIB es casi 20% más pequeño que lo que podría esperarse en función del nivel actual de desarrollo económico. Por otra parte, el sector de los servicios es aproximadamente 20% más grande de lo esperado[6]. Este desequilibrio en el crecimiento de ambos sectores ha aminorado el crecimiento de la productividad y los ingresos en toda África. ¿Cómo pueden los países africanos capitalizar la recuperación del crecimiento agrícola y económico de los últimos 15 años para impulsar la transformación de sus economías?

NO SOLO AGRICULTURA, SINO TAMBIÉN INDUSTRIALIZACIÓN

Para lograr un cambio estructural exitoso, los países necesitan producir bienes más complejos y de mayor valor, para los cuales la demanda crece mundialmente a medida que aumentan los ingresos en el mundo. Debido a las décadas de estancamiento económico que precedieron la recuperación actual de África, las economías africanas no promovieron el nivel de complejidad de su producción. Entre 1962 y 2000, el indicador medio del grado de complejidad de todos los productos producidos por países africanos era entre 50 y 60% menor que el promedio calculado para una muestra de 97 países diferentes[7]. El valor del indicador estimado para productos agrícolas no solo es bajo sino que se ha estancado desde la década de 1960.

Durante esa década, la mayoría de los países africanos siguió una estrategia de industrialización guiada por el sector público y diseñada para sustituir

Seguridad Alimentaria. El Fondo fiduciario de donantes múltiples financia los procesos de implementación del Programa mientras que el Programa Mundial de Agricultura y Seguridad Alimentaria responde por la posible provisión insuficiente de fondos para los planes de inversión agrícola nacionales. Gracias a una subvención de US$46,5 millones en 2011 para financiar el plan de inversiones agrícola nacional de Liberia, el Programa Mundial de Agricultura y Seguridad Alimentaria ha asignado ahora más de US$270 millones para financiar los planes de inversión agrícola nacionales de seis países africanos.

El proceso de implementación del Programa no ha dejado de presentar desafíos. La participación de la sociedad civil y del sector privado ha sido limitada en algunos países, mientras que algunos planes de inversión agrícola nacionales han tenido objetivos poco realistas de crecimiento económico reducción de la pobreza y provisión de fondos. No obstante, ya se están abordando estos desafíos. La Nueva Alianza para el Desarrollo de África (el organismo de planificación y coordinación de la Unión Africana) y asociados para el desarrollo encomendó la elaboración de pautas generales para la participación de actores no estatales, y consecuentemente, la séptima reunión de Plataforma del Programa general para el desarrollo de la agricultura en África, que se llevó a cabo en marzo de 2011, solicitó su divulgación en todos los países en forma sistemática y dirigida. También existen iniciativas en marcha para fortalecer la capacidad de implementación de los países y mejorar la calidad de los planes de inversión agrícola nacionales. Por ejemplo, se espera que los sistemas para el análisis estratégico y de apoyo al conocimiento (Strategic Analysis and Knowledge Support Systems) en países individuales, que son creados con el respaldo técnico del Instituto Internacional de Investigación sobre Políticas Alimentarias y del Sistema para el análisis estratégico regional y de apoyo al conocimiento (Regional Strategic Analysis and Knowledge Support System) mejoren las capacidades analíticas y de revisión para planificar, implementar y realizar el seguimiento de políticas agrícolas con base empírica. Cabe mencionarse que la implementación del Programa coincide con la recuperación del desarrollo agrícola del continente[3]. El renovado desarrollo agrícola ofrece cimientos sólidos para los países africanos en sus esfuerzos para instrumentar sus planes de inversión agrícola.

bienes importados. El fracaso generalizado de estas iniciativas ha dejado a la mayoría de los países africanos sin estrategia audaz y verosímil para la industrialización.

La transformación económica exitosa está asociada con una serie de cambios en la economía general. Algunos de estos cambios constituyen un incremento en los volúmenes absoluto y relativo de la producción industrial, un aumento en la cantidad y la naturaleza de los bienes industriales, nuevas técnicas para combinar mano de obra, capital y tecnología para producir bienes en la industria así como cambios en los costos asociados, y un cambio en las fuentes que surten productos nuevos y existentes al sistema económico[8]. En este proceso, las empresas industriales necesitan aprender a combinar y recombinar los activos existentes y nuevos para fundar nuevas empresas y crear productos destinados a nuevos mercados[9].

Los riesgos y las incertidumbres que enfrentan los empresarios para producir por primera vez un nuevo producto son un importante factor determinante de la capacidad de una economía para diversificarse con productos de mayor productividad. A medida que aumentan sus inversiones en desarrollo agrícola[10], los países africanos también necesitan contar con estrategias de industrialización renovadas que permitan fortalecer su recuperación actual. Tales estrategias deberían enfocarse a los factores tecnológicos, institucionales y de infraestructura que aumentan el nivel de riesgo e incertidumbre relacionados con la innovación empresarial. En última instancia, las políticas de industrialización deben expandir el arsenal de tecnologías de un país así como su capacidad para aplicarlas a la creación de bienes nuevos y de mayor valor[11]. Los países africanos necesitarán redescubrir métodos para estimular su crecimiento industrial, y podrían tomar nota de los países asiáticos emergentes donde las medidas públicas para respaldar el crecimiento industrial constituyen un elemento central del desarrollo económico[12].

Las políticas industriales de África deberían tratar de alentar la creación y el crecimiento de empresas, no sólo en la industria sino también en los sectores agroindustrial e informal. En las primeras tres décadas del siglo XXI, se espera que la demanda de alimentos en África aumente de US$100.000 millones, de los cuales una tercera parte podría corresponder a pequeños agricultores[13]. Este aumento en la demanda ofrece un incentivo real así como oportunidades para la industrialización con base en la agroindustria en el mediano plazo. Las estrategias deberían incluir no solo programas para aumentar la productividad de las granjas sino el desarrollo de nuevas tecnologías de procesamiento y envase para respaldar la innovación de productos y la creación de redes de distribución competitivas así como infraestructuras de transporte que crucen fronteras nacionales. El Programa general para el desarrollo de la agricultura en África puede resultar de utilidad en este caso, promoviendo la planificación e implementación de políticas fundadas en evidencias y la creación de oportunidades de asociaciones estratégicas entre el gobierno y entes privados, así como alianzas entre empresas. Las políticas de industrialización también deberían concentrarse en el sector informal que actualmente produce bienes de baja calidad para el hogar. Este sector tiene un enorme potencial de crecimiento y consolidación empresariales, así como de mejora e innovación de productos[14].

India

Consagración del derecho a la alimentación

M. S. Swaminathan, M. S. Swaminathan Research Foundation

El hambre y la malnutrición han sido devastadoras desde hace mucho tiempo para la población y el progreso de la India. En 2011, el Gobierno de la India dio un paso fundamental para poner fin a esta injusticia en todo el país (véase el recuadro 17). Con la promulgación de la Ley nacional de seguridad alimentaria, el régimen anterior llamado "del barco a la boca" (como se define comúnmente la dependencia que solía tener el país de los envíos de alimentos) está ya en camino hacia una situación de seguridad y salud alimentarias gracias a la implementación del programa de protección social más grande del mundo contra el hambre utilizando alimentos cultivados en el país mismo.

A la luz de las condiciones que han prevalecido en la India desde su independencia en 1947, la Ley nacional de seguridad alimentaria constituye un evento histórico ya que empodera a instituciones e individuos para que puedan contribuir a la reducción radical del hambre y la malnutrición. En el pasado reciente, especialmente en la década de 1960, la India recibió la mayor cantidad de ayuda alimentaria otorgada en condiciones de favor a nivel mundial; solo en 1966, el país importó más de 10 millones de toneladas de trigo. En la actualidad, según los requisitos de la nueva Ley nacional de seguridad alimentaria, la India debe entregar más de 60 millones de toneladas de trigo, arroz y mijo cultivados en el país a precios altamente subsidiados a los ciudadanos que viven por debajo de la línea de pobreza. Esta es solo una de las múltiples formas en que esta nueva ley (una vez que sea cuidadosamente revisada, ligeramente modificada y definitivamente promulgada como ley) promete constituir un ataque polifacético al hambre.

RECUADRO 17

La economía de la India avanza a grandes pasos, pero el mejoramiento de la nutrición está estancado

P. K. Joshi y Suneetha Kadiyala, IFPRI y S. Mahendra Dev, Instituto Indira Gandhi de Investigación para el Desarrollo

En 2011, la India asignó recursos adicionales a programas vigentes orientados a reducir la pobreza y poner fin al hambre y la malnutrición. El país tiene un gran desarrollo económico, una producción récord de granos para alimentación e importantes existencias reguladoras de alimentos que normalmente serían una indicación de mejoras en las cifras de pobreza y malnutrición. Sin embargo, la pobreza en la India es omnipresente, la malnutrición es generalizada y el estado nutricional del país está muy a la zaga de Brasil y China. Para resolver esta situación, el Gobierno de la India inició, y ahora complementa, un conjunto de programas y medidas políticas para el bienestar de los pobres, especialmente las mujeres y los niños[1].

Actualmente, los ingresos de más del 40% de la población de la India son inferiores a US$1,25 diarios. Las estimaciones muestran que una tercera parte de todas las mujeres indias tienen bajo peso, casi la mitad de los niños indios tienen retraso en el crecimiento y el 40% tienen bajo peso, y las tasas de deficiencias de micronutrientes son también extremadamente altas. Las razones fundamentales de que las cifras relativas a la nutrición de la India estén tan a la zaga de sus cifras de valores económicos son (1) baja productividad agrícola, (2) bajos ingresos de la mayoría de la población rural y (3) acceso limitado de las personas pobres a los programas de educación y alimentación, salud y nutrición2. Con el fin de incrementar los ingresos, entre otras inquietudes, el desembolso presupuestario del gobierno para el Plan nacional de garantía de empleo rural Mahatma Gandhi aumentó de US$2.600 millones en 2006–2007 a US$8.910 millones en 2010–2011. Este programa emblemático está orientado a mejorar la seguridad de los medios de subsistencia de los hogares en zonas rurales, ofreciéndoles al menos 100 días de empleo con salario garantizado al año, y obliga a una participación de mujeres en un 33%.

El Plan generó oportunidades de empleo en zonas rurales y tuvo un efecto positivo en el gasto y consumo de energía y proteínas, así como en la acumulación de activos por parte de la población rural pobre. El gobierno está resuelto a ampliar el alcance del Plan nacional de garantía de empleo rural Mahatma Gandhi por medio de la creación de empleos que ayuden a generar activos permanentes para el país (como por ejemplo, estructuras para la conservación de agua) y a construir infraestructura (como caminos rurales). Con el objeto de mejorar el acceso a alimentos, el sistema de distribución pública proporciona alimentos altamente subsidiados a la población que se encuentra por debajo de la línea de pobreza. Se espera que el sistema de distribución pública se reoriente y se ponga en práctica con la Ley de seguridad alimentaria propuesta. La implementación de la ley estaba prevista para 2011 pero actualmente espera la aprobación parlamentaria. Muchos observadores ven los resultados mixtos de estos programas, impulsados principalmente por la calidad variable de su gestión y la falta de coordinación adecuada de los diferentes departamentos. El desafío es lograr que estos programas sean eficientes y más accesibles para los pobres, o bien eficaces a escala.

La India tiene un largo camino por recorrer para garantizar la seguridad nutricional. Algunos cálculos sugieren que con el ritmo actual de las medidas tomadas, la meta de lograr el primer Objetivo de Desarrollo del Milenio de reducir a la mitad la cantidad de personas subnutridas para 2015 se logrará en la India solamente en 2042, con un retraso de 28 años[3]. Esto es inaceptable dado el extraordinario desempeño económico del país. Para tener más efecto, los programas y recursos requieren convergencia, instituciones con transparencia y una gestión inclusiva. La pobreza y subnutrición continuas debilitarán la evolución de la India como economía emergente de alto nivel.

Las conexiones entre la agricultura y la nutrición ya han sido establecidas (véase el capítulo 6), por lo que es necesario que los programas existentes procuren ensamblarse con los progresos agrícolas. Como en el caso de la India, cuando la mayoría de los agricultores con menos de dos hectáreas son compradores netos de alimentos, se produce una desconexión entre la producción agrícola y la seguridad nutricional. Si los pequeños agricultores produjeran productos básicos de alto valor y calidad nutritiva, como leche, aves de corral, carne y pescado, sus ingresos aumentarían y su seguridad alimentaria y nutricional quedaría garantizada.

Pese a las innumerables iniciativas de la India para aumentar la seguridad alimentaria y nutricional en el pasado, las mejoras generalizadas han sido mínimas. En un informe reciente se manifiesta que "la subnutrición materna e infantil continúa siendo persistente e inaceptablemente alta"[15]. La edición del Informe sobre Desarrollo Humano de 2011 señala que el índice de masa corporal, que es un parámetro razonable del estado nutricional de una persona, ha permanecido bajo en los últimos veinticinco años[16]. Sin embargo, ¿cómo puede esto ser así cuando existen en todo el país programas innovadores diseñados para proporcionar nutrición, educación y servicios médicos de manera integrada (como por ejemplo los Servicios Integrados para el Desarrollo del Niño, el Programa de almuerzos escolares y otros programas similares creados por organizaciones internacionales como UNICEF y el Programa Mundial de Alimentos)?

La respuesta es: falta de integración y sinergia entre programas y entre plataformas. Por lo tanto, la Ley de seguridad alimentaria debe garantizar que los programas aborden todos los componentes esenciales de la seguridad alimentaria. El proyecto de ley presentado al Parlamento en diciembre de 2011 se centró solo en el acceso económico a los alimentos sin hacer referencia explícita a otros componentes esenciales de la seguridad alimentaria, como por ejemplo el acceso a agua potable, servicios sanitarios, servicios primarios de salud y educación nutricional. En su forma actual, el proyecto de ley también descuida mencionar la función de los agricultores o la participación del gobierno, pese a que las instituciones panchayat raj (cuyos miembros son elegidos por los residentes de sus aldeas) y, en especial, las gram sabhas (asambleas donde los residentes tienen la oportunidad de plantear sus preocupaciones) pueden desempeñar un papel trascendental para asegurar la administración eficaz y sin corrupción de los derechos legales.

Para lograr una seguridad alimentaria y nutricional sostenible y generalizada, el proyecto de Ley nacional de seguridad alimentaria necesita ser cuidadosamente analizado y estratégicamente revisado. Debe adoptarse un enfoque de apoyo nutricional basado en el ciclo de vida y se debe otorgar a las mujeres derechos legales como cabezas de familia, empoderándolas equitativamente para que puedan tomar decisiones financieras así como sobre la alimentación de sus familias. Debe fortalecerse la distribución pública de alimentos y su canasta de alimentos debe extenderse más allá del trigo y el arroz para incluir cereales nutritivos como jowar (sorgo), bajra (mijo perla), ragi (mijo africano) y maíz. El Sistema de distribución pública a menudo encuentra dificultades en la identificación de sus destinatarios, lo que puede ser una fuente importante de corrupción. Por ejemplo, en los estados de Tamil Nadu y Kerala, los gobiernos podrían no estar dispuestos a migrar de sus exitosos sistemas de distribución pública universales a un sistema nacional dirigido, de modo que un sistema eficiente debe basarse en criterios de exclusión claramente definidos y promover una cultura de honestidad (ya que aquellas personas que no necesitan protección social financiada por el gobierno no deberían requerir alimentos altamente subsidiados). En 2012, se espera que el plan de protección social más grande del mundo permita a la India obtener un dividendo demográfico a partir de su población juvenil.

Con las modificaciones adecuadas y la voluntad de ponerla en práctica, la Ley de seguridad alimentaria también creará una situación donde todas las partes, tanto agricultores como consumidores de pocos recursos, resulten beneficiadas. Al adquirir los granos utilizados en la distribución pública de alimentos a precios remunerativos para los agricultores, el gobierno contribuirá al estímulo de la productividad y la producción de las granjas. Por esta razón, la sustitución de granos por efectivo, pese a ser tentadora, debe evitarse; se puede imprimir moneda, pero los granos solo pueden ser producidos por agricultores, los cuales constituyen en la India casi 700 millones de personas, de una población total de 1.200 millones. Una sociedad democrática tiene la obligación de asegurar el bienestar y la supervivencia de toda la población, y la seguridad alimentaria para todos ayudará a garantizar la seguridad de los ingresos de las familias agrícolas.

China

Alimentar a mil millones de personas

Jikun Huang, Centro de política agrícola de China, Academia de ciencias china

El avance más importante de China en cuanto a políticas alimentarias en 2011 fue su firme decisión de colocar a la seguridad alimentaria a la cabeza de su de su lista de inquietudes, y para ello adoptó tres decisiones políticas fundamentales. En primer lugar, el documento de políticas más importante de la nación, el Documento Número 1, desarrolló planes para invertir aproximadamente US$630.000 millones en protección del agua en los próximos 10 años a fin de combatir la creciente escasez de agua. Estos planes incluyen la instrumentación de reformas institucionales y de políticas para mejorar el uso eficiente del agua.

Segundo, China publicó el Documento Número 1 en 2012 específicamente enfocado a la innovación en ciencia y tecnología agrícolas y en el estímulo de la productividad agrícola. En términos reales, la tasa de crecimiento anual del gasto público en investigación y desarrollo agrícolas aumentó de un promedio de 16% en 2000–2009 a más del 20% en 2010–2011 y se espera que crezca en los próximos años.

Finalmente, en noviembre de 2011 el estándar de pobreza nacional, medido como ingreso anual per cápita, se fijó en 2.300 yuanes (aproximadamente US$365), casi el doble del estándar de pobreza en 2009. Se estima que esta medida colocará al 13,4% de la población rural (o 128 millones de personas) dentro del programa de mitigación de la pobreza, lo que tendrá consecuencias considerables en la reducción de la pobreza y en la seguridad alimentaria de los hogares.

La capacidad de China de alimentar a una población que no solo crece en números sino también en ingresos ha sido admirable, más aún si se tienen en cuenta las limitaciones de los recursos naturales del país. China sostuvo a más del 20% de la población mundial y logró casi el 98% de autosuficiencia alimentaria general en 2010, pese a que la disponibilidad de agua per cápita es solo de una cuarta parte del promedio mundial y de que la tierra cultivable representa solo el 8% del total mundial. La producción de granos de China aumentó por siete años consecutivos entre 2004 y 2010 y el gobierno calcula que superó los 570 millones de toneladas en 2011, excediendo la marca alcanzada tan solo el año anterior.

El éxito de la agricultura de China en las tres décadas pasadas ha contribuido considerablemente a mejorar la seguridad alimentaria nacional. Algunas de las fuerzas que impulsan este éxito son el sistema de responsabilidad familiar de China que distribuyó tierras equitativamente entre hogares rurales, la aplicación de la ciencia y la tecnología a la agricultura, la inversión en tierras y agua para la agricultura y la reforma del mercado. Sin embargo, resulta difícil ver cómo estos éxitos podrán continuar si no se incorporan innovaciones importantes. Por ejemplo, a medida que los ciudadanos chinos han visto crecer sus ingresos, también aumentó su demanda de carne. Esto llevó a China a pasar de ser un exportador neto de maíz, que se utiliza para alimentar a los animales de granja, a un importador neto en 2010. Dadas las limitaciones de China en cuanto a recursos naturales, el país seguramente pasará a ser un importador de maíz más importante en un futuro próximo y su seguridad alimentaria comenzará a depender más de otros países. Resulta claro que, si bien los logros de China son admirables, todavía existen grandes desafíos para su seguridad alimentaria. ■

HERRAMIENTAS E INDICADORES DE POLÍTICA ALIMENTARIA

A FIN DE DESARROLLAR Y APLICAR POLÍTICAS ALIMENTARIAS EFICACES, los responsables de tomar decisiones necesitan, entre otras cosas, recursos, capacidad institucional, voluntad política, pruebas sólidas e información oportuna. Como parte de la misión del IFPRI de buscar formas sostenibles de reducir la pobreza y acabar con el hambre y la desnutrición, el Instituto desarrolla y comparte bienes públicos mundiales, que incluyen herramientas e instrumentos destinados a ayudar a los responsables de la toma de decisiones a atender cuestiones de la vida real, desde modelos y redes hasta conjuntos de datos e índices. Las herramientas incluyen formas interactivas de medir y conceptualizar los datos; los indicadores son mediciones normalizadas que representan los umbrales para determinados aspectos del desarrollo. Si bien el contenido que puede extraerse de estos productos de conocimiento resulta útil de por sí, sus fines prácticos aumentan y se comprenden mejor a través de las diversas redes en línea que el IFPRI facilita en forma conjunta, conectando a los usuarios entre sí y proporcionando una plataforma para el debate. Estos recursos también pueden proporcionar modelos de referencia para supervisar y evaluar políticas y programas con el fin de determinar lo que funciona, lo que no y dónde pueden hacerse mejoras.

Herramientas de política alimentaria

AGRODEP: CONSORCIO DE MODELACIÓN DE POLÍTICAS PARA EL CRECIMIENTO Y EL DESARROLLO AFRICANOS *(AFRICAN GROWTH AND DEVELOPMENT POLICY MODELING CONSORTIUM)*

A medida que los países africanos se esfuerzan por aumentar la productividad agrícola y lograr un mayor crecimiento económico, el proceso de reforma de políticas alimenta la demanda de investigación relacionada con las políticas. Para satisfacer esta demanda, se requieren capacidades locales fortalecidas en cuanto a modelación económica, alianzas predeterminadas y vínculos más amplios con el debate en curso en materia de políticas. El Consorcio de modelación de políticas para el crecimiento y el desarrollo africanos (African Growth and Development Policy [AGRODEP] Modeling Consortium) se desarrolló para ayudar a satisfacer esta demanda. Las metas del AGRODEP son movilizar a una masa crítica de expertos en modelación dentro de la comunidad de investigación y análisis en política de África, ampliar el acceso a metodologías de investigación innovadoras y facilitar alianzas con la comunidad de investigación mundial.

El AGRODEP tiene por objetivo brindar a los expertos africanos, más que a actores externos, las condiciones necesarias para adoptar una función de liderazgo en el estudio de las cuestiones de desarrollo estratégico y los debates más amplios sobre el crecimiento y las políticas agrícolas que enfrentan los países africanos. Iniciado por el IFPRI y diversos asociados en 2010, el consorcio está armando una red de investigadores africanos que cuentan tanto con las habilidades como con la infraestructura de modelación y datos necesarios para liderar este emprendimiento. El AGRODEP comparte modelos económicos básicos, establece una base de datos central en línea con datos estadísticos, económicos y geoespaciales, y reúne a una red de expertos con una comunidad de profesionales.

Todo esto permite a los investigadores abordar las principales cuestiones de políticas que enfrentan los países africanos de manera estratégica.

El sitio web del AGRODEP, lanzado en octubre de 2011, actúa como portal de datos y modelos económicos, y ofrece recursos relacionados, tales como herramientas de visualización de datos. Las páginas de anuncios de eventos facilitan las actividades en red entre los miembros, el personal, los asociados y los grupos de gestión del AGRODEP.

Sitio web: www.agrodep.org
Contactos: Ousmane Badiane y Betina Dimaranan
Email: info-agrodep@agrodep.org

PORTAL DE SEGURIDAD ALIMENTARIA *(FOOD SECURITY PORTAL)*

El precio de los alimentos tiene efectos de gran alcance que tienen a su vez repercusiones generalizadas: desde la pobreza y la nutrición hasta el comercio y los mercados y los disturbios sociales y políticos. Por eso, el acceso a una información precisa, pertinente y útil sobre precios y mercados mundiales resulta más importante que nunca. El Portal de Seguridad Alimentaria es una herramienta exclusiva que proporciona a los usuarios, incluidos los investigadores, los responsables de tomar decisiones y los medios de comunicación, recursos en un solo sitio para la información más actualizada sobre seguridad alimentaria.

El Portal aporta información para las deliberaciones sobre seguridad alimentaria mundial con noticias recientes, datos actualizados regularmente provenientes de organizaciones líderes como la Organización de las Naciones Unidas para la Alimentación y la Agricultura, la Organización Mundial del Comercio y el Departamento de Agricultura de los EE. UU., y herramientas de análisis interactivas. Los diseñadores de políticas pueden usar la información y las herramientas para analizar la seguridad alimentaria y las tendencias de precios y darles seguimiento, lo que les permite formular políticas mejor fundamentadas y más eficaces.

El "mapa de de calor" con zonas calientes en las noticias de seguridad alimentaria *(Food Security News Hot Spot)* presenta una visualización al instante de los países con mayor cantidad de noticias sobre seguridad alimentaria en un día determinado. La API de datos del conjunto de herramientas para desarrolladores contiene datos de más de 40 indicadores relacionados con la seguridad alimentaria, precios de productos básicos, mediciones económicas y bienestar humano. Los usuarios pueden descargar estos datos para hacer un seguimiento del suministro de calorías per cápita, porcentaje de niños subnutridos, índices de precios al consumidor, inflación mundial, tasas de pobreza, exportaciones, importaciones, información sobre población y otros.

Una de las herramientas más nuevas del Portal de Seguridad Alimentaria es el Sistema de alerta temprana de variabilidad excesiva de los precios de los alimentos *(Excessive Food Price Variability Early Warning System)*. Se trata de una herramienta única en su tipo que ofrece una representación visual de períodos históricos de volatilidad excesiva de los precios mundiales de los alimentos desde 2000 hasta la fecha, así como el estado de volatilidad diario. Este estado puede alertar a los diseñadores de políticas cuando los mercados están experimentando un período de volatilidad excesiva de precios de los alimentos. La información se puede entonces usar para determinar respuestas de seguridad alimentaria apropiadas al nivel de los países, tales como la entrega de reservas físicas de alimentos. Esta herramienta responde a dos recomendaciones de las reuniones del G20 de 2011. En primer lugar, proporciona información para el Sistema de Información de Mercados Agrícolas (AMIS, por sus siglas en inglés) sobre variabilidad de precios en los mercados mundiales, e identifica la presencia y duración de la volatilidad excesiva de los precios. En segundo lugar, brinda apoyo para el diseño de las reservas de alimentos humanitarias de emergencia coordinadas por el Programa Mundial de Alimentos (PMA).

Sitio web: www.foodsecurityportal.org
Contacto: Sara Gustafson
Email: s.gustafson@cgiar.org

MAPAS *CASE* DE SEGURIDAD ALIMENTARIA

El software Food Security Climate, Agriculture, and Socio-Economic Maps (Mapas climáticos, agrícolas y socioeconómicos para la seguridad alimentaria; CASE Maps, por sus siglas en inglés) es una herramienta de levantamiento de mapas interactiva que los diseñadores de políticas y los investigadores pueden usar para visualizar posibles cambios en la oferta, la demanda y la seguridad alimentaria agrícola, sobre la base de diferentes impulsores económicos y biofísicos a lo largo del tiempo y en todo el mundo. Estos mapas interactivos se basan en los datos generados para el estudio Food Security, Farming, and Climate Change to 2050, publicado por el IFPRI en 2010. Los mapas CASE muestran los impulsores de modelo exógenos y los resultados futuros plausibles basados en el Modelo Internacional para el Análisis de Políticas sobre Productos Agrícolas y el Comercio (IMPACT, por sus siglas en inglés) del IFPRI.

Estos mapas traducen los resultados numéricos en una gama de representaciones gráficas que incluyen diagramas de dispersión, gráficos de barras, gráficos de serie de tiempo, histogramas y otros productos estadísticos básicos. Los interesados en el cambio climático y sus posibles efectos en la seguridad alimentaria en los países en desarrollo pueden visualizar diversos indicadores, tales como kilocalorías disponibles per cápita por día, proporción de la población en riesgo de padecer hambre y la cantidad de niños malnutridos de cinco años de edad o menos. Los mapas CASE proporcionan actualmente indicadores para 15 escenarios diferentes utilizando 3 futuros generales de población e ingresos, cada uno de ellos con 5 escenarios climáticos diferentes. Los usuarios pueden descargar los indicadores por país y por región. Los escenarios proporcionan una gama plausible de resultados basados en el entorno de políticas vigente. Esta información luego puede utilizarse como punto de partida para reflexionar sobre los posibles cambios en las políticas y los programas.

Sitio web: www.ifpri.org/climatechange/casemaps.html
Contactos: Gerald Nelson and Amanda Palazzo
Email: ifpri-climatechange@cgiar.org

HARVESTCHOICE

La demanda de herramientas para ayudar a priorizar y dirigir intervenciones rentables con el mayor impacto posible en la seguridad alimentaria está aumentando entre los analistas de políticas e inversiones y los responsables de tomar decisiones a quienes brindan apoyo. HarvestChoice responde a esta demanda generando productos que ayudan a guiar las inversiones estratégicas destinadas a mejorar los medios de subsistencia de los pequeños agricultores de África Subsahariana por medio de la agricultura más productiva, rentable y sostenible. El enfoque distintivo de HarvestChoice se basa en un marco de evaluación y datos espacialmente explícitos diseñados para representar más adecuadamente la importante heterogeneidad de los sistemas y los hogares agrícolas en toda la región.

Los recursos en línea de HarvestChoice permiten a los usuarios explorar datos, aplicar herramientas y crear mapas para la intervención que mejor respondan a sus propias inquietudes en materia de políticas e inversiones. Las herramientas de HarvestChoice puede extraer información de varias capas de datos de alta resolución seleccionadas por el usuario. Seleccionando las capas demográficas, de acceso al mercado y de producción de cultivos, por ejemplo, los usuarios pueden tabular atributos de población, tiempo de viaje hasta los mercados y superficie de cultivo en cualquier zona geográfica que especifiquen.

La herramienta de visualización de informes de dominios agrícolas (Agricultural Domain Visualizer/ Reporter, ADVizR) permite a los usuarios trazar mapas, tabular y graficar una amplia variedad de indicadores de desarrollo agrícola subnacionales según los dominios geográficos seleccionados (por ejemplo, distritos, zonas agroecológicas, cuencas hidrográficas, sistemas de agricultura, o grupos de mercados). Los usuarios seleccionan, en secuencia, la subregión o país de África Subsahariana objetivo, y hasta un máximo de 20 indicadores de desarrollo que son de su interés, y los dominios geográficos específicos de acuerdo a los cuales los indicadores son reportados.

Una de las interfaces de HarvestChoice brinda acceso a un conjunto de herramientas de exploración e informes de datos espaciales (incluidas las funciones básicas de ADVizR). El sitio web también ofrece opciones para que terceras partes puedan insertar estas herramientas en sus propios sitios.

Sitio web: www.harvestchoice.org
Contacto: Maria Theresa Tenorio
Email: m.t.tenorio@cgiar.org

RESAKSS: SISTEMA PARA EL ANÁLISIS ESTRATÉGICO REGIONAL Y DE APOYO AL CONOCIMIENTO *(REGIONAL STRATEGIC ANALYSIS AND KNOWLEDGE SUPPORT SYSTEM)*

El sistema para el análisis estratégico regional y de apoyo al conocimiento (ReSAKSS, por su nombre en inglés) se estableció respondiendo a la creciente demanda de información y análisis confiables para el diseño del Programa general para el desarrollo de la agricultura en África (CAAPD, por sus siglas en inglés). Como plataforma de gestión de conocimientos, ofrece a los pequeños agricultores, los investigadores, los diseñadores de políticas y los profesionales del desarrollo datos, análisis, herramientas y pruebas de investigaciones de fácil acceso. El sistema tiene por objetivo promover el diálogo y facilitar el examen, el aprendizaje y la adopción de las prácticas óptimas relacionadas con la agenda del CAADP y aumentar la toma de conciencia del papel de la agricultura en la reducción de la pobreza y la seguridad alimentaria y nutricional.

El sistema ReSAKSS funciona como una red de colaboración entre socios de varios países representados por plataformas regionales basadas en la Web. Se organiza en torno a tres actividades principales: (1) análisis estratégico: proporcionando datos, herramientas y análisis para supervisar prioridades clave de crecimiento y reducción de la pobreza y evaluar los efectos de las intervenciones para abordar las cuestiones fundamentales, como por ejemplo si las intervenciones tienen el efecto deseado para aumentar el crecimiento y reducir la pobreza y la malnutrición y de qué manera; (2) gestión de conocimientos: desarrollando y manteniendo un conjunto común de información actualizada sobre indicadores clave en varios niveles para apoyar la planificación de políticas, su análisis y el diálogo relacionado; documentando las lecciones aprendidas en la investigación, los análisis de políticas, las evaluaciones de impacto y las experiencias prácticas para mejorar las estrategias futuras de crecimiento y reducción de la pobreza; y facilitando el acceso a productos de conocimientos para apoyar la evaluación, el examen y los modelos de referencia de las estrategias de crecimiento y reducción de la pobreza; y (3) fortalecimiento de capacidades y comunicaciones de políticas: colaborando con las redes nacionales y regionales para llevar a cabo análisis estratégicos, intercambiando al mismo tiempo las habilidades, la capacitación y las experiencias prácticas que pueden fortalecer las capacidades locales y mejorar la comunicación de problemáticas, hallazgos y estrategias clave a los diseñadores de políticas y otras partes interesadas.

Sitio web: www.resakss.org
Contacto: Samuel Benin
Email: s.benin@cgiar.org

Indicadores de política alimentaria

ASTI: INDICADORES DE CIENCIA Y TECNOLOGÍA AGRÍCOLA

Los diseñadores de políticas reconocen cada vez más que una mayor inversión en investigación y desarrollo agrícola es un elemento esencial para aumentar la productividad agrícola. Los datos sobre las dimensiones y el alcance de la capacidad y las inversiones para investigación y desarrollo, junto con los cambios en la estructura institucional y el funcionamiento de los organismos de investigación agrícola, mejoran nuestra comprensión de la manera en que la investigación y el desarrollo agrícolas promueven el crecimiento agrícola. Los indicadores derivados de tal información permiten medir, supervisar y comparar con modelos de referencia el rendimiento, las aportaciones y los resultados de los sistemas de investigación y desarrollo agrícolas.

La iniciativa Indicadores de Ciencia y Tecnología Agrícola (ASTI, por sus siglas en inglés) es una de las pocas fuentes de información sobre estadísticas de ciencia y tecnología agrícola para los países de ingresos bajos y medios. Los indicadores de ASTI proporcionan información exhaustiva, tanto cuantitativa como cualitativa, y análisis subsiguientes sobre inversiones, capacidades y tendencias institucionales en investigación y desarrollo agrícolas. (Véase el Cuadro 1.) Los datos y análisis de la iniciativa ASTI brindan asistencia a los administradores y diseñadores de políticas de investigación y desarrollo para mejorar la formulación y la toma de decisiones sobre políticas en los planos nacional, regional e internacional. Todos los productos están disponibles en el sitio web de la iniciativa.

Sitio web: www.asti.cgiar.org
Contacto: Nienke Beintema
Email: asti@cgiar.org

CUADRO 1 Gasto y dotación de personal de investigación y desarrollo (I+D) agrícolas en el sector público, por país

País	Datos más recientes disponibles	Gasto público en investigación		Gasto público como proporción del PIB ag. (%)	ETC investigadores públicos	Investigadores por millón de personas económicamente activas en agricultura	Mujeres como proporción de investigadores totales
		Dólares PPA 2005 (millones)	Dólares EE. UU. 2005 (millones)				
ÁFRICA SUBSAHARIANA							
Benín	2008	21,6	9,0	0,57	115,4	13,26	16,9
Botsuana	2008	19,0	9,0	4,32	97,4	63,00	29,8
Burkina Faso	2008	19,4	7,4	0,43	239,9	3,05	11,6
Burundi	2008	9,6	3,0	1,78	97,8	2,64	14,8
Congo, República de	2008	4,6	2,3	0,85	93,8	9,35	16,2
Costa de Marfil	2008	42,6	23,2	0,54	122,6	13,92	16,8
Eritrea	2008	3,0	1,2	0,45	121,9	2,07	32,0
Etiopía	2008	68,6	17,8	0,27	1,318,3	2,24	6,8
Gabón	2008	1,6	0,8	0,20	61,4	8,37	22,4
Gambia	2008	2,5	0,7	0,50	37,7	4,38	13,7
Ghana	2008	95,4	39,2	0,90	537,1	16,48	17,0
Guinea	2008	4,0	1,3	0,18	229,2	1,05	3,2
Kenya	2008	171,5	67,0	1,30	1,011,5	13,36	26,8
Madagascar	2008	11,9	3,9	0,27	212,4	1,79	29,8
Malaui	2008	21,4	7,1	0,68	126,5	4,35	15,7
Malí	2008	24,7	11,2	0,57	312,7	9,66	13,4
Mauricio	2008	22,1	11,0	3,92	158,3	432,84	41,4
Mauritania	2008	6,4	2,4	1,16	73,7	9,24	4,9
Mozambique	2008	17,7	8,4	0,38	263,3	2,12	29,0
Namibia	2008	21,6	14,5	2,03	70,2	85,07	16,5
Níger	2008	6,2	2,6	0,17	93,4	1,53	8,3
Nigeria	2008	403,9	185,3	0,42	2,062,0	32,88	21,3
Ruanda	2008	18,1	6,1	0,53	104,2	4,54	14,6
Senegal	2008	25,4	12,1	0,87	141,1	6,78	9,9
Seychelles	2008	0,2	0,0	0,70	1,0	8,54	na
Sierra Leona	2008	5,9	2,2	0,31	66,6	4,63	5,2
Sudáfrica	2008	272,1	165,7	2,02	783,9	215,81	40,1
Sudán	2008	51,5	22,8	0,27	1,020,5	7,47	36,2
Tanzania	2008	77,1	27,0	0,50	673,5	4,78	21,3
Togo	2008	8,7	4,0	0,47	62,7	6,25	9,9
Uganda	2008	87,7	30,5	1,24	298,7	8,33	21,5

Fuente: *PPA = paridad de poder adquisitivo. **ETC = equivalente de tiempo completo. **Nota:** El cuadro incluye solamente los países donde la ASTI ha realizado rondas de encuestas desde 2001. La investigación y desarrollo (I+D) agrícolas en el sector público incluye gobierno, educación superior y organizaciones sin fines de lucro, pero excluye el sector privado. Las paridades de poder adquisitivo (PPA) miden el poder de compra relativo de las monedas en todos los países eliminando las diferencias nacionales en los niveles de precios para una amplia variedad de bienes y servicios. Las PPA son relativamente estables a lo largo del tiempo, mientras que los tipos de cambio fluctúan de manera considerable. La medición de investigadores en unidades equivalentes de tiempo completo (ETC) toma en cuenta la proporción de tiempo que los investigadores dedican a actividades de I+D. Por ejemplo, cuatro profesores universitarios que dedican el 25% de su tiempo a la investigación representarían individualmente 0,25 ETC y se contarían colectivamente como una ETC.

Cuadro 1, continuación

País	Datos más recientes disponibles	Gasto público en investigación		Gasto público como proporción del PIB ag. (%)	ETC investigadores públicos	Investigadores por millón de personas económicamente activas en agricultura	Mujeres como proporción de investigadores totales
		Dólares PPA 2005 (millones)	Dólares EE. UU. 2005 (millones)				
Zambia	2008	8,1	4,4	0,29	208,5	2,58	22,9
Zimbabue	2008	na	na	na	147,7	6,83	43,2
ASIA PACÍFICO							
Bangladesh	2009	125,90	44,30	0,33	2081,30	27,59	15,8
China	2007	3,679,5	1,548,1	0,49	na	na	na
Corea	2002/03	522,7	402,6	1,66	2,201,8	na	40,0
Filipinas	2002	141,4	55,9	0,4	3,212,5	252,86	54,2
India	2003	1,426,4	474,4	0,36	16,703,7	60,87	13,9
Indonesia	2003	204,2	82,8	0,20	4,892,6	97,74	27,7
Lao RPD	2003	10,4	2,9	0,24	123,4	56,92	22,3
Malasia	2002	446,5	204,4	1,9	1,117,6	622,62	33,9
Myanmar	2003	4,6	4,6	0,06	618,7	32,60	54,2
Nepal	2009	23,0	7,3	0,24	388,6	33,15	9,5
Pakistán	2003	184,9	59,4	0,29	3,442,5	129,29	5,7
Papúa-Nueva Guinea	2002	19,9	9,2	0,5	107,4	55,65	16,0
Sri Lanka	2003	52,6	18,4	0,52	577,2	138,58	32,6
Vietnam	2002/03	55,9	16,6	0,2	2,950,8	102,65	31,4
AMÉRICA LATINA Y EL CARIBE							
Argentina	2006	448,6	196,1	1,27	3,947,3	2745,01	41,7
Belice	2006	2,6	1,3	0,95	16,7	596,43	31,1
Brasil	2006	1,306,3	728,0	1,80	5,375,5	441,59	33,8
Chile	2006	98,1	58,4	1,22	690,3	702,97	29,7
Colombia	2006	152,4	71,1	0,50	998,9	280,74	31,7
Costa Rica	2006	29,9	15,9	0,93	282,9	865,08	27,4
El Salvador	2006	5,7	0,3	0,15	76,9	124,26	14,8
Guatemala	2006	8,3	4,2	0,06	102,4	53,18	14,7
Honduras	2006	12,7	4,7	0,43	123,7	181,31	7,4
México	2006	517,6	338,5	1,21	4,066,7	483,38	22,3
Nicaragua	2006	24,1	8,1	0,94	133,4	364,34	26,8
Panamá	2006	10,0	5,7	0,50	166,7	653,57	16,1
Paraguay	2006	3,1	9,7	0,20	128,3	163,02	32,1
República Dominicana	2006	17,4	10,3	0,26	138,8	278,67	24,9
Uruguay	2006	59,8	32,4	1,99	400,4	2107,58	42,5

Cuadro 1, continuación

País	Datos más recientes disponibles	Gasto público en investigación		Gasto público como proporción del PIB ag. (%)	ETC investigadores públicos	Investigadores por millón de personas económicamente activas en agricultura	Mujeres como proporción de investigadores totales
		Dólares PPA 2005 (millones)	Dólares EE. UU. 2005 (millones)				
MEDIO ORIENTE Y NORTE DE ÁFRICA							
Irán (República Islámica de)	2004	559,3	166,9	0,82	4,788,4	772,20	14,4
Jordania	2002/03	6,8	3,6	1,59	212,7	1849,13	13,2
Marruecos	2002	128,6	70,8	0,95	654,8	208,54	18,4
República Árabe de Siria	2002	77,7	136,4	0,45	1,358,1	1020,36	22,1
Túnez	2002	51,2	22,9	0,91	440,8	574,00	27,6

BASE DE DATOS *SPEED*: ESTADÍSTICAS DE GASTO PÚBLICO PARA EL DESARROLLO ECONÓMICO

La Base de datos Estadísticas de gasto público para el desarrollo económico (SPEED, por sus siglas en inglés) es un recurso que reúne información sobre gasto público en el sector agrícola, entre otros, en 70 países en desarrollo desde 1980 hasta 2009. (Véanse, por ejemplo, los detalles de gastos desde 2005 en el Cuadro 2.) Los investigadores del IFPRI han compilado datos de varias fuentes, tales como el Fondo Monetario Internacional, el Banco Mundial y gobiernos nacionales, y han realizado amplias verificaciones y ajustes de datos para asegurar una coherencia a largo del tiempo, sin fluctuaciones del tipo de cambio ni cambios en la denominación de las divisas. La base de datos SPEED se actualiza periódicamente.

Los diseñadores de políticas, investigadores y otras partes interesadas pueden usar esta robusta base de datos para muchos fines. Los datos permiten a los usuarios examinar tendencias históricas y la composición de la asignación de recursos gubernamentales entre sectores, y hacer comparaciones con otros países de la región o con los que tienen un nivel similar de desarrollo. También resulta útil para el análisis de la alineación de los gastos reales con las prioridades generales de desarrollo en términos de crecimiento económico, reducción de la pobreza y seguridad alimentaria, para evaluar el vínculo entre las prioridades estratégicas y la ejecución del presupuesto, supervisar los avances hacia el logro de las metas de desarrollo, identificar lagunas de financiamiento, y diagnosticar la eficiencia del gasto público.

Sitio web: www.ifpri.org/ourwork/programs/priorities-public-investment/speed-database
Contacto: Bingxin Yu (b.yu@cgiar.org)

CUADRO 2 Gasto público agrícola para desarrollo económico, por país

País	Gasto agrícola, dólares EE. UU. 2005 (miles de millones)			Gasto agrícola, dólares internacionales 2005 (miles de millones)			Gasto agrícola per cápita de la población total, dólares internacionales 2005 (miles de millones)			Relación entre gasto agrícola y PIB agrícola (%)		
	1980	1995	2009	1980	1995	2009	1980	1995	2009	1980	1995	2009
ESTE DE ASIA Y PACÍFICO												
China	7,14	8,87	68,6	17,20	21,37	165,17	17,1	17,2	121,0	10,9	4,5	19,1
Filipinas	0,43	0,86	1,14	1,08	2,16	2,89	22,8	31,2	31,5	3,2	5,7	7,2
Fiyi	0,03	0,03	0,03 [1]	0,04	0,03	0,03 [1]	65,9	43,3	39,6 [1]	8,4	5,8	6,5 [1]
Indonesia	1,80	1,80	1,56 [1]	4,44	4,43	3,86 [1]	29,4	22,2	16,6 [1]	9,3	4,8	3,5 [1]
Malasia	0,75	0,97	2,32	1,68	2,16	5,17	121,5	104,4	185,0	10,8	8,7	15,2
Mongolia		0,01	0,05 [1]		0,02	0,15 [1]		8,8	57,8 [1]		1,4	8,8 [1]
Myanmar	19,26	12,39	18,30 [1]	0,44	0,29	0,42 [1]	13,5	6,8	9,0 [1]	8,0	2,7	1,6 [1]
Papúa-Nueva Guinea	0,08	0,05	0,02 [1]	0,19	0,12	0,06 [1]	57,6	25,4	8,9 [1]	8,3	3,1	1,2 [1]
Tailandia	0,76	2,14	2,02	1,92	5,42	5,11	40,4	90,8	74,4	7,8	16,8	9,0
Vanuatu	0,001	0,003	0,003 [1]	0,003	0,01	0,01 [1]	23,0	31,5	25,3 [1]	4,4	5,5	3,2 [1]
Vietnam		0,33	0,71		1,12	2,38		15,1	27,4		4,6	4,7
EUROPA Y ASIA CENTRAL												
Azerbaiyán		0,08	0,19 [1]		0,27	0,61 [1]		34,4	69,6 [1]		6,2	12,5 [1]
Bielorrusia		0,13	1,13		0,36	3,12		34,7	323,5		4,8	30,2
Bulgaria		0,02	0,14		0,04	0,37		5,0	48,6		0,5	8,8
Georgia			0,03			0,07			17,0			3,9
Kazajistán		0,11	0,64		0,25	1,47		15,4	92,9		2,6	14,3
Letonia		0,06	0,43		0,10	0,81		41,6	357,3		7,3	83,7
Lituania		0,28	0,34		0,51	0,62		140,8	187,0		17,7	36,6
Moldavia		0,01	0,06		0,03	0,16		7,8	43,9		1,5	16,7
República Kirguiza		0,02	0,02 [1]		0,05	0,06 [1]		12,0	11,2 [1]		2,2	1,9 [1]
Rumania	2,41	1,95	1,45 [1]	5,00	4,06	3,02 [1]	225,2	178,9	139,7 [1]	12,3	11,4	14,5 [1]
Rusia		0,22	1,94		0,48	4,32		3,2	30,2		0,6	4,6
Turquía	0,54	0,58	2,98 [1]	0,90	0,97	4,99 [1]	20,3	16,4	71,2 [1]	0,2	1,1	6,3 [1]
Ucrania			0,54			1,64			35,8			7,5

Nota: [1] Datos de 2007. [2] Datos de 2008. [3] Datos de 2004.

Cuadro 2, continuación

País	Gasto agrícola, dólares EE. UU. 2005 (miles de millones)				Gasto agrícola, dólares internacionales 2005 (miles de millones)				Gasto agrícola per cápita de la población total, dólares internacionales 2005 (miles de millones)				Relación entre gasto agrícola y PIB agrícola (%)			
	1980	1995	2009		1980	1995	2009		1980	1995	2009		1980	1995	2009	
AMÉRICA LATINA Y EL CARIBE																
Argentina	0,00	0,14	0,11	[1]	0,00	0,32	0,25	[1]	0,003	9,2	6,4	[1]		1,7	0,6	[1]
Bolivia	0,01	0,003	0,03	[1]	0,03	0,01	0,11	[1]	5,1	1,6	11,7	[1]		0,3	2,2	[1]
Brasil		2,98	0,61	[1]		5,18	1,06	[1]		32,0	5,6	[1]		7,4	1,1	[1]
Chile	0,18	0,17	0,41	[2]	0,30	0,28	0,68	[2]	26,6	19,6	40,5	[2]	6,8	2,3	8,4	[2]
Costa Rica	0,06	0,04	0,19		0,13	0,08	0,37		53,9	22,1	79,7		4,7	2,2	10,8	
El Salvador	0,03	0,03	0,01		0,50	0,53	0,10		107,6	92,4	16,5		13,4	13,9	2,3	
Guatemala	0,14	0,05	0,06		0,26	0,09	0,12		37,0	8,9	8,7		3,8	1,3	1,6	
Jamaica		0,08	0,10			0,13	0,16			51,6	58,6			7,3	14,2	
México	8,58	3,17	4,39	[1]	13,17	4,87	6,75	[1]	191,5	52,8	61,8	[1]	20,2	9,4	13,3	[1]
Panamá	0,11	0,03	0,12	[1]	0,22	0,06	0,23	[1]	110,3	22,9	69,9	[1]	18,2	3,6	9,3	[1]
República Dominicana	0,30	0,19	0,13	[1]	0,53	0,33	0,23	[1]	90,8	41,6	24,3	[1]	12,1	9,4	5,0	[1]
San Vicente y las Granadinas	0,002	0,004	0,003	[1]	0,004	0,01	0,01	[1]	37,7	60,2	51,2	[1]	6,3	7,1	7,9	[1]
Uruguay	0,04	0,04	0,06	[1]	0,07	0,08	0,11	[1]	23,2	25,6	34,0	[1]	1,6	3,5	3,0	[1]
MEDIO ORIENTE Y NORTE DE ÁFRICA																
Argelia		0,53	1,23			1,21	2,84			42,8	81,4			7,2	9,6	
Egipto	0,66	0,90	0,87	[1]	2,39	3,25	3,15	[1]	53,1	52,4	40,9	[1]	12,0	8,8	5,8	[1]
Irán	0,97	1,07	0,78		3,27	3,59	2,62		84,7	60,1	35,8		7,1	4,9	3,4	
Jordania	0,02	0,11	0,05	[2]	0,03	0,19	0,08	[2]	14,3	44,5	13,7	[2]	5,0	32,4	11,0	[2]
Líbano		0,02	0,02	[2]		0,04	0,03	[2]		11,6	8,4	[2]		1,8	1,1	[2]
Marruecos	0,54	0,54	0,40	[1]	0,98	0,97	0,72	[1]	50,0	36,0	23,3	[1]	11,5	9,1	4,4	[1]
Siria	1,26	2,40	2,02		0,72	1,37	1,15		80,3	96,4	57,4		8,1	8,1	5,3	
Túnez	0,53	0,45	0,52		1,15	0,97	1,13		177,6	108,0	109,4		28,4	17,3	15,1	
Yemen	0,02	0,04	0,07	[1]	0,05	0,10	0,20	[1]	5,7	6,9	9,1	[1]		1,7	2,4	[1]
ASIA MERIDIONAL																
Bangladesh	0,18	0,24	0,85		0,51	0,68	2,42		6,3	5,8	16,5		2,9	2,6	6,2	
Bután	0,01	0,03	0,04		0,03	0,09	0,12		72,0	170,2	168,3		17,0	21,6	21,3	
India	1,82	3,50	13,07		5,47	10,51	39,21		7,8	10,9	32,5		2,5	2,9	6,4	
Maldivas	0,003	0,02	0,005		0,01	0,04	0,01		33,3	141,6	25,2		0,1	0,8	0,3	
Nepal	0,06	0,09	0,14		0,20	0,28	0,43		13,3	12,8	14,5		3,8	3,8	4,1	
Pakistán	0,12	0,08	1,07		0,37	0,24	3,35		4,6	1,9	19,6		1,3	0,4	3,8	
Sri Lanka	0,16	0,24	0,40	[2]	0,46	0,70	1,14	[2]	30,8	38,2	55,7	[2]	7,4	6,7	10,0	[2]

Cuadro 2, continuación

País	Gasto agrícola, dólares EE. UU. 2005 (miles de millones)				Gasto agrícola, dólares internacionales 2005 (miles de millones)				Gasto agrícola per cápita de la población total, dólares internacionales 2005 (miles de millones)				Relación entre gasto agrícola y PIB agrícola (%)			
	1980	1995	2009		1980	1995	2009		1980	1995	2009		1980	1995	2009	
ÁFRICA SUBSAHARIANA																
Botsuana	0,05	0,12	0,10	[1]	0,11	0,25	0,22	[1]	106,8	159,8	115,8	[1]	21,6	49,1	44,2	[1]
Cabo Verde		0,002	0,02			0,002	0,02			6,2	44,3			2,5	14,6	
Etiopía	0,05	0,12	0,45	[1]	0,20	0,45	1,70	[1]	5,5	7,8	21,9	[1]	1,5	4,0	6,4	[1]
Ghana	0,06	0,02	0,01	[1]	0,13	0,04	0,03	[1]	12,0	2,3	1,3	[1]	0,1	0,6	0,4	[1]
Kenya	0,18	0,27	0,23		0,47	0,70	0,60		28,8	25,6	15,1		6,4	6,3	4,5	
Lesotho	0,01	0,07	0,03	[2]	0,03	0,12	0,06	[2]	20,5	69,3	26,3	[2]	11,3	32,4	25,5	[2]
Liberia	0,02	0,01	0,000	[2]	0,05	0,02	0,000	[2]	25,9	9,1	0,05	[2]	3,9	10,7	0,02	[2]
Malaui	0,05	0,05	0,03	[1]	0,15	0,16	0,08	[1]	24,1	16,1	6,2	[1]	8,1	8,5	2,8	[1]
Mauricio	0,03	0,05	0,07		0,07	0,10	0,14		69,6	87,7	110,5		14,2	11,7	22,2	
Namibia		0,10	0,11	[1]		0,15	0,16	[1]		92,1	72,4	[1]		17,7	13,7	[1]
Níger		0,03	0,04			0,07	0,08			7,6	5,5		2,9	3,0	2,3	
Nigeria	0,53	0,14	0,23	[1]	1,16	0,31	0,51	[1]	15,3	2,8	3,5	[1]	1,8	0,4	0,5	[1]
Seychelles		0,01	0,002	[2]		0,01	0,004	[2]		152,2	44,0	[2]		25,0	10,7	[2]
Suazilandia	0,03	0,02	0,06	[1]	0,05	0,04	0,12	[1]	82,0	43,5	104,4	[1]	16,8	10,1	30,4	[1]
Sudáfrica		1,13	2,07			1,84	3,38			44,4	67,9			16,2	24,6	
Uganda	0,003	0,01	0,08		0,01	0,03	0,23		0,7	1,3	7,1		0,6	0,4	2,2	
Zambia	0,39	0,03	0,18	[1]	0,73	0,06	0,32	[1]	126,1	7,0	26,9	[1]	55,5	3,7	10,0	[1]
Zimbabue	0,21	0,26	0,33	[1]	0,14	0,17	0,22	[1]	19,8	14,8	18,0	[1]	13,5	10,3	12,5	[3]
PAÍSES DE LA OCDE DE INGRESO ALTO																
Australia	1,53	1,86	1,72		1,44	1,74	1,61		97,6	96,1	73,6		6,2	10,9	9,5	
Canadá	2,61	2,16	2,99		2,63	2,18	1,55		107,3	74,4	46,1		10,7	9,1	15,1	
Corea, Rep.	1,54	8,57	11,36		2,00	11,13	14,75		53,4	249,2	307,6		5,8	24,9	41,0	
Eslovenia		0,11	0,17			0,23	0,36			117,4	176,2			16,7	27,6	
España	1,98	0,27	0,82		3,08	0,42	1,28		82,1	10,7	28,0		7,8	1,2	4,2	
Estados Unidos (EE.UU.)	16,25	11,89	20,11		16,25	11,89	20,11		70,7	44,6	65,4		10,9	8,2	16,0	
Estonia		0,003	0,01			0,004	0,01			2,9	7,3			0,7	1,7	
Finlandia	1,96	2,15	1,33		2,44	2,67	1,66		510,8	523,4	311,0		30,4	54,4	38,3	
Grecia	1,31	0,98	0,07		2,33	1,75	0,13		242,0	163,9	11,2		9,3	11,2	0,8	
Hungría	3,38	1,27	2,57		5,24	1,97	3,99		489,7	191,0	398,5		22,6	20,4	70,0	
Irlanda	1,51	0,83	0,76		1,88	1,03	0,95		549,4	286,5	474,5		37,8	18,9	58,7	
Islandia	0,24	0,19	0,22		0,16	0,12	0,14		682,3	449,2	432,9		24,6	15,9	17,5	
Israel	0,71	0,61	0,22	[1]	0,86	0,74	0,27	[1]	230,9	138,6	38,4	[1]	17,8	12,9	3,7	[1]
Italia	0,002	0,10	1,38		0,002	0,14	1,91		0,04	2,5	31,7		0,001	0,3	6,5	
Japón	16,09	10,52	15,90		13,68	8,95	13,52		118,0	71,9	106,8		17,3	13,6	25,8	
Luxemburgo	0,07	0,07	0,11		0,09	0,09	0,13		255,7	217,7	263,8		49,0	47,2	135,3	

Cuadro 2, continuación

País	Gasto agrícola, dólares EE. UU. 2005 (miles de millones)				Gasto agrícola, dólares internacionales 2005 (miles de millones)				Gasto agrícola per cápita de la población total, dólares internacionales 2005 (miles de millones)				Relación entre gasto agrícola y PIB agrícola (%)			
	1980	1995	2009		1980	1995	2009		1980	1995	2009		1980	1995	2009	
Noruega	3,85	3,24	2,10		2,79	2,35	1,52		682,0	538,1	314,9		64,0	46,3	50,9	
Nueva Zelanda	1,18	0,27	0,49		1,12	0,26	0,46		354,3	70,8	106,4		19,5	4,6	7,6	
Polonia		1,05	2,94			1,78	5,02			46,4	131,1			6,5	21,6	
Portugal		0,81	0,44			1,44	0,78			142,0	73,3			15,8	14,6	
Reino Unido	5,41	1,49	3,67		4,96	1,37	3,36		87,8	23,5	54,3		21,5	4,9	22,9	
República Checa		0,49	1,99			0,82	3,34			79,5	319,6			10,2	60,6	
Suecia	2,28	1,18	0,81		1,81	0,94	0,64		217,8	106,2	68,7		22,8	14,4	11,9	
Suiza	2,29	3,12	2,52	[2]	1,69	2,30	1,85	[2]	267,4	327,3	244,4	[2]	26,1	47,3	47,6	[2]
PAÍSES DE INGRESO ALTO QUE NO SON DE LA OCDE																
Bahamas	0,01	0,01	0,01		0,01	0,02	0,02		55,2	66,7	50,5		12,0	10,9	13,4	
Bahráin	0,01	0,01	0,01	[2]	0,02	0,02	0,02	[2]	45,4	39,7	22,8	[2]	16,7	16,2	9,5	[2]
Chipre	0,15	0,12	0,10		0,27	0,21	0,19		398,7	240,1	171,3		47,8	29,6	43,8	
Croacia		0,13	0,62			0,21	0,95			43,9	214,8			6,0	24,2	
Emiratos Árabes Unidos	0,06	0,05	0,05		0,09	0,08	0,08		86,0	34,4	11,8		2,3	3,4	2,6	
Kuwait	0,01	0,12	0,13		0,02	0,18	0,19		11,0	109,6	71,7		13,0	61,6	33,0	
Malta	0,02	0,01	0,04		0,04	0,03	0,07		109,8	77,1	175,0		31,2	17,6	46,9	
Omán	0,05	0,13	0,06		0,10	0,24	0,12	[1]	81,2	109,7	47,5	[1]	28,0	20,7	9,6	[1]
Singapur	0,02	0,03	0,04	[1]	0,03	0,04	0,06		12,6	12,1	11,1		5,3	19,3	24,4	

ÍNDICE GLOBAL DEL HAMBRE

Cada año, el IFPRI calcula el Índice Global del Hambre (GHI, por sus siglas en inglés), diseñado para medir y dar seguimiento de manera comprehensiva a la situación del hambre a nivel mundial, y también por países y regiones. Para reflejar la naturaleza multidimensional del hambre, el GHI combina tres indicadores a los que se les asigna una misma ponderación en el cálculo de un índice numérico único: (1) el porcentaje de personas subnutridas, (2) el porcentaje de niños menores de cinco años de edad que tienen bajo peso, y (3) la tasa de mortalidad de niños menores de cinco años.

Según el GHI de 2011, el hambre mundial ha disminuido lentamente en las dos últimas décadas. (Véanse los puntajes específicos de los países para 2011 en el Cuadro 3.) Entre 1990 y 2011, las mayores mejoras en puntajes absolutos se produjeron en Angola, Bangladesh, Etiopía, Mozambique, Nicaragua, Níger y Vietnam. El hambre empeoró, no obstante, en Burundi, Comoras, Costa de Marfil, la República Democrática del Congo, Corea del Norte y Suazilandia.

Al destacar los éxitos y fracasos en la reducción del hambre, proporcionando una visión de los factores causales del hambre, el GHI señala las zonas geográficas donde más se requieren medidas de política, y sugiere dónde pueden extraerse lecciones en materia de políticas.

Sitio web: www.ifpri.org/publication/2011-global-hunger-index
Contactos: Klaus von Grebmer o Tolulope Olofinbiyi
Email: k.vongrebmer@cgiar.org o t.olofinbiyi@cgiar.org

CUADRO 3 Puntajes del Índice Global del Hambre (varios años) por nivel de hambre registrado en 2011 para cada país

Nivel	País	1990 (datos de 1988–1992)	1996 (datos de 1994–1998)	2001 (datos de 1999–2003)	2011 (datos de 2004-2009)
1	Gabón	8,4	6,8	7,3	5,2
2	Mauricio	8,0	7,4	6,0	5,4
2	Paraguay	7,7	5,5	5,2	5,4
4	China	11,7	9,1	6,8	5,5
4	El Salvador	10,1	9,0	5,4	5,5
4	República Kirguiza	—	9,1	8,7	5,5
7	Trinidad y Tobago	6,9	7,5	6,3	5,6
8	Colombia	9,1	6,8	5,8	5,7
9	Marruecos	7,7	6,7	6,1	5,9
9	Perú	14,5	10,8	9,0	5,9
11	Turkmenistán	—	10,1	8,8	6,2
12	Uzbekistán	—	9,1	10,7	6,3
13	Sudáfrica	7,0	6,5	7,4	6,4
14	Panamá	9,8	9,7	9,0	7,0
15	Guyana	14,4	8,9	7,8	7,1
16	Ecuador	13,6	10,8	9,0	7,9
16	Honduras	13,4	13,2	10,1	7,9
18	Surinam	10,4	9,4	10,0	8,0
19	Tailandia	15,1	11,9	9,5	8,1
20	Ghana	21,0	16,1	13,0	8,7
21	Nicaragua	22,6	17,8	12,3	9,2
22	Armenia	—	14,4	11,3	9,5
23	República Dominicana	14,2	11,7	10,9	10,2
24	Suazilandia	9,1	12,3	12,6	10,5
25	Vietnam	25,7	21,4	15,5	11,2
26	Mongolia	16,3	17,7	14,8	11,4
27	Filipinas	19,9	17,5	14,1	11,5
28	Lesotho	12,7	13,9	13,8	11,9
29	Bolivia	17,0	14,6	12,5	12,2
29	Indonesia	18,5	15,5	14,3	12,2
31	Mauritania	22,7	16,9	16,9	12,7
32	Botsuana	13,4	15,5	15,9	13,2
32	Congo, Rep.	23,2	24,2	16,0	13,2
34	Senegal	18,7	19,7	19,3	13,6
35	Namibia	20,3	18,7	16,3	13,8
36	Guatemala	15,1	15,8	15,1	14,0

Escala de gravedad del GHI

≥ 30,0 Extremadamente alarmante
20,0–29,9 Alarmante
10,0–19,9 Serio
5,0–9,9 Moderado
≤ 4,9 Bajo
Sin datos

Nivel	País	1990 (datos de 1988–1992)	1996 (datos de 1994–1998)	2001 (datos de 1999–2003)	2011 (datos de 2004-2009)
36	Sri Lanka	20,2	17,8	14,9	14,0
38	Benín	21,5	20,2	16,9	14,7
39	Gambia	15,8	20,3	16,4	15,0
40	Nigeria	24,1	21,2	18,2	15,5
41	Myanmar	29,2	25,4	22,5	16,3
42	Uganda	19,0	20,4	17,7	16,7
43	Tayikistán	—	24,4	24,5	17,0
44	Burkina Faso	23,7	22,5	21,7	17,2
45	Guinea	22,4	20,3	22,4	17,3
46	Camerún	21,9	22,4	19,4	17,7
46	Zimbabue	18,7	22,3	21,3	17,7
48	Costa de Marfil	16,6	17,6	16,4	18,0
49	Malaui	29,7	27,1	22,4	18,2
50	Kenya	20,6	20,3	19,9	18,6
51	Corea del Norte	16,1	20,3	20,1	19,0
52	Guinea-Bissau	21,7	22,3	22,8	19,5
53	Malí	27,9	26,3	23,2	19,7
54	Camboya	31,7	31,4	26,3	19,9
54	Nepal	27,1	24,6	23,0	19,9
56	Togo	26,6	22,2	23,6	20,1
57	Lao RPD	29,0	25,2	23,6	20,2
58	Tanzania	23,1	27,4	26,0	20,5
59	Pakistán	25,7	22,0	21,9	20,7
60	Ruanda	28,5	32,7	25,2	21,0
61	Liberia	23,5	26,9	25,8	21,5
61	Sudán	29,2	24,7	25,9	21,5
63	Yibuti	30,8	25,8	25,3	22,5
63	Madagascar	24,4	24,8	24,8	22,5
65	Mozambique	35,7	31,4	28,4	22,7
66	Níger	36,2	36,2	30,8	23,0
67	India	30,4	22,9	24,1	23,7
68	Zambia	24,7	25,0	27,6	24,0

Cuadro 3, continuación

Nivel	País	1990 (datos de 1988–1992)	1996 (datos de 1994–1998)	2001 (datos de 1999–2003)	2011 (datos de 2004-2009)
69	Angola	43,0	40,7	33,4	24,2
70	Bangladesh	38,1	36,3	27,6	24,5
71	Sierra Leona	33,0	30,5	30,7	25,2
72	Yemen, Rep.	30,4	27,8	27,9	25,4
73	Comoras	22,3	27,1	30,1	26,2
74	República Centroafricana	27,6	28,6	27,7	27,0
75	Timor Oriental	—	—	26,1	27,1
76	Haití	34,0	32,3	26,0	28,2
77	Etiopía	43,2	39,1	34,7	28,7
78	Chad	39,2	35,8	31,0	30,6
79	Eritrea	—	37,7	37,6	33,9
80	Burundi	31,4	36,3	38,5	37,9
81	Congo, Rep. Dem.	24,0	35,2	41,2	39,0

Países con puntajes de 2011 inferiores al 4,9 o equivalentes

País	1990 (con datos de 1988-1992)	1996 (con datos de 1994-1998)	2001 (con datos de 1999-2003)	2011 (con datos de 2004-2009)
Albania	8,9	5,2	8,2	<5
Arabia Saudí	5,8	6,1	<5	<5
Argelia	6,4	7,2	5,9	<5
Argentina	<5	<5	<5	<5
Azerbaiyán	—	15,0	7,8	<5
Bielorrusia	—	<5	<5	<5
Bosnia y Hercegovina		<5	<5	<5
Brasil	7,6	6,2	5,3	<5
Bulgaria	<5	<5	<5	<5
Chile	<5	<5	<5	<5
Costa Rica	<5	<5	<5	<5
Croacia	—	<5	<5	<5
Cuba	<5	6,5	<5	<5
Egipto, Rep. Árabe	7,8	6,6	<5	<5
Estonia	—	<5	<5	<5
Federación de Rusia		<5	<5	<5
Fiyi	6,1	<5	<5	<5
Georgia	—	8,9	6,0	<5
Irán, Rep. Islámica	9,4	7,5	5,0	<5
Jamaica	6,5	5,0	<5	<5
Jordania	<5	<5	<5	<5
Kazajistán	—	<5	5,3	<5
Kuwait	9,3	<5	<5	<5
Letonia	—	<5	<5	<5
Líbano	<5	<5	<5	<5
Libia	<5	<5	<5	<5
Lituania	—	<5	<5	<5
Macedonia	—	<5	<5	<5
Malasia	9,0	6,7	6,6	<5
México	7,8	<5	<5	<5
Moldavia	—	5,9	5,2	<5
Montenegro	—	—	—	<5
República Árabe de Siria	7,7	5,6	5,4	<5
República Eslovaca	—	<5	<5	<5
Rumania	<5	<5	<5	<5
Serbia	—	—	—	<5
Túnez	<5	<5	<5	<5
Turquía	5,7	5,2	<5	<5
Ucrania	—	<5	<5	<5
Uruguay	<5	<5	<5	<5
Venezuela, RB	6,6	7,0	6,4	<5

INDICADORES DE CAPACIDAD DE INVESTIGACIÓN EN POLÍTICA ALIMENTARIA

La capacidad local para realizar investigaciones y análisis sobre políticas alimentarias resulta esencial para desarrollar políticas basadas en evidencias y facilitar su adopción. Sin embargo, el desarrollo de indicadores de capacidad ha estado anteriormente limitado por la falta de datos y por el hecho de que la capacidad en materia de política está repartida entre una amplia variedad de instituciones dentro de un país. En 2011, el IFPRI comenzó a documentar sistemáticamente la capacidad de investigación sobre políticas alimentarias en una selección de 25 países en desarrollo, con el fin de desarrollar indicadores que puedan eventualmente medir la capacidad interna de un país para diseñar, aplicar y evaluar políticas en los sectores de alimentación, agricultura y recursos naturales. En este estudio, todas las investigaciones socioeconómicas y las relacionadas con políticas en los sectores de alimentación, agricultura y recursos naturales se consideran investigación sobre políticas alimentarias.

Actualmente, dos indicadores miden la capacidad de investigación en política alimentaria a nivel de país. El primer indicador registra la disponibilidad de recursos humanos cualificados para la investigación en política alimentaria por cada millón de personas que viven en zonas rurales. (Véanse los resultados para 2010 en el Cuadro 4.) Este indicador se basa en el número de investigadores equivalentes de tiempo completo con un PhD que realizan investigaciones sobre políticas alimentarias en los ministerios y organizaciones académicas y de investigación clave de un país. Para calcular esta cifra, el número total de investigadores con un PhD o equivalente—es decir, la suma de investigadores con un PhD, una maestría (que se pondera como la mitad de un PhD), y un título de grado (que se pondera como un cuarto de PhD—se multiplica por la proporción media de tiempo dedicada a actividades de investigación sobre políticas alimentarias.

El segundo indicador mide el número de artículos en publicaciones periódicas internacionales por investigador de tiempo completo con un equivalente de PhD para un país determinado. Este indicador se basa en el número de artículos en publicaciones periódicas producidos por los investigadores en las organizaciones estudiadas en un país determinado entre 2006 y 2010. Para obtener este indicador, se buscaron los artículos en publicaciones de las bases de datos Web of Science y Econ Lit que abordan temas socioeconómicos y de política alimentaria, siguiendo los nombres de las organizaciones. El número total de publicaciones, que es la suma del número de artículos en publicaciones periódicas publicados por todas las organizaciones estudiadas sobre cuestiones socioeconómicas y de política alimentaria, se divide por el número de investigadores de tiempo completo con PhD o equivalente para un país seleccionado. Este indicador refleja la dimensión de calidad de la capacidad interna de investigación sobre políticas alimentarias.

Este conjunto de datos preliminar es el comienzo de una iniciativa continua que tiene la meta última de generar un conjunto de indicadores sobre capacidad en política alimentaria que el IFPRI pueda supervisar fácilmente a lo largo del tiempo y que los responsables de tomar decisiones y otras partes interesadas puedan utilizar eficientemente para diseñar intervenciones de desarrollo de capacidades.

Contactos: Suresh Babu or Paul Dorosh
Email: s.babu@cgiar.org or p.dorosh@cgiar.org

CUADRO 4 Indicadores de capacidad de investigación en política alimentaria, 2010

País	Analistas/ investigadores (plantilla) en 2010	Analistas/ investigadores equivalentes de tiempo completo con un PhD en 2010	Publicaciones internacionales producidas en 2006-2010	Analistas/ investigadores equivalentes de tiempo completo con un PhD por millón de habitantes rurales en 2010	Publicaciones de investigadores equivalentes de tiempo completo con un PhD (en un período de 5 años)
Afganistán	43	3,488	0	0,135	0
Bangladesh	66	31,65	25	0,296	0,79
Benín	38	11,138	12	2,17	1,077
Burundi	35	3,25	0	0,436	0
Colombia	82	14,433	12	1,252	0,831
Etiopía	74	21,55	21	0,315	0,974
Ghana	95	12,589	35	1,064	2,78
Guatemala	45	3,965	4	0,546	1,009
Honduras	32	1,87	5	0,481	2,674
Kenya	155	30,755	43	0,976	1,398
Liberia	34	0,515	0	0,335	0
Madagascar	186	17,913	8	1,239	0,447
Malaui	50	8,875	5	0,743	0,563
Mozambique	37	5,678	15	0,394	2,642
Nepal	26	6,375	2	0,26	0,314
Níger	28	8,563	4	0,663	0,467
Nigeria	349	78,188	21	0,983	0,269
Perú	41	9,464	16	1,146	1,691
Ruanda	37	5,84	1	0,678	0,171
Senegal	71	21,513	3	3,03	0,139
Sudáfrica	198	64,413	183	3,364	2,841
Tanzania	91	8,413	12	0,255	1,426
Uganda	34	10,89	14	0,376	1,286
Zambia	35	9,3	9	1,119	0,968
Zimbabue	36	9,52	11	1,227	1,155

PRODUCTIVIDAD TOTAL DE LOS FACTORES DE LA AGRICULTURA

La productividad total de los factores (PTF) o la cantidad total de producto en relación con la cantidad total de insumos usados para producir ese producto es un indicador clave del rendimiento del sector agrícola. A largo plazo, la PTF es el principal impulsor del crecimiento en la agricultura, y puede verse afectada por las políticas y las inversiones. Se determina conforme a la eficiencia de la asignación de recursos en la producción con una tecnología dada (el componente de "eficiencia") y la adopción de nuevas tecnologías (el componente de "cambio técnico") que permite determinar maneras nuevas y más eficientes de producir resultados. (Véase el Cuadro 5.) En el pasado, las políticas económicas han tenido grandes efectos negativos en el crecimiento agrícola en varios países en desarrollo debido a distorsiones de precios que tuvieron como resultado una mayor ineficiencia y un crecimiento estancado o negativo de la PTF. Por otro lado, la inversión pública en investigación y desarrollo agrícolas ha sido históricamente un importante impulsor de cambio técnico en la agricultura, y ha contribuido al progreso de la transformación agrícola en muchos países de Asia y América Latina.

Contacto: Alejandro Nin-Pratt (a.nin-pratt@cgiar.org)

CUADRO 5 **Crecimiento medio anual de la productividad total de los factores (PTF), de la eficiencia y del cambio técnico (porcentaje) en el sector agrícola — varios años**

	1981–90			1991–2000			2001–09		
Región/país	PTF	Eficiencia	Cambio técnico	PTF	Eficiencia	Cambio técnico	PTF	Eficiencia	Cambio técnico
ÁFRICA SUBSAHARIANA	**0,39**	**−0,03**	**0,44**	**1,99**	**1,27**	**0,71**	**2,26**	**1,60**	**0,66**
Angola	2,01	2,01	0,00	5,26	4,94	0,31	4,25	4,25	−0,00
Burkina Faso	−3,15	−4,21	1,11	1,68	1,68	0,00	8,84	8,47	0,34
Camerún	0,54	0,54	0,00	1,73	0,71	1,01	3,36	3,03	0,33
Costa de Marfil	1,73	0,85	0,87	2,62	0,00	2,62	−0,05	−0,08	0,02
Etiopía	−0,76	−0,76	0,00	0,77	0,50	0,27	3,46	3,37	0,10
Ghana	−0,32	−0,41	0,09	6,99	5,42	1,48	3,43	0,00	3,43
Guinea	−1,73	−1,73	−0,00	−0,12	−0,13	0,00	0,56	0,56	0,00
Kenya	0,87	0,81	0,06	0,34	−0,26	0,59	−0,00	−0,55	0,54
Madagascar	−0,28	−0,28	0,00	−1,22	−1,24	0,02	0,78	0,75	0,04
Malaui	0,42	0,42	0,00	4,93	3,38	1,50	−3,03	−4,80	1,86
Malí	1,11	1,11	0,00	−1,17	−1,30	0,13	5,91	5,35	0,53
Mozambique	0,10	0,10	0,00	2,04	1,37	0,67	8,27	6,03	2,11
Nigeria	2,25	2,23	0,02	3,80	1,78	1,98	1,65	0,00	1,65
Senegal	2,23	2,23	0,00	0,14	0,13	0,00	−1,32	−1,33	0,01
Sudáfrica	1,52	−4,30	6,08	4,54	3,31	1,19	3,24	3,24	0,00
Sudán	−1,73	−1,74	0,01	2,85	2,85	0,00	2,93	2,93	0,00
Tanzania	1,57	1,55	0,02	−0,24	−0,44	0,20	6,13	6,13	−0,00
Zambia	0,11	−0,03	0,14	1,37	0,14	1,23	0,57	−0,32	0,90
Zimbabue	0,97	0,96	0,02	1,49	1,30	0,19	−6,06	−6,67	0,65
OESTE DE ASIA Y NORTE DE ÁFRICA	**1,85**	**−0,37**	**2,24**	**1,75**	**0,24**	**1,51**	**2,64**	**0,52**	**2,14**
Argelia	2,34	−2,34	4,80	2,76	1,57	1,17	4,00	3,95	0,05
Egipto	1,81	0,00	1,81	2,35	0,00	2,35	1,02	−0,02	1,04
Irán	−0,39	−0,42	0,04	2,58	0,90	1,67	3,14	−0,43	3,59
Jordania	3,80	3,22	0,55	1,92	0,46	1,45	5,12	1,53	3,54
Líbano	6,11	−0,00	6,11	1,47	−0,92	2,42	2,46	0,24	2,21
Libia	2,58	1,03	1,54	4,05	2,10	1,91	1,88	−2,08	4,05
Marruecos	3,04	1,37	1,65	−0,57	−1,13	0,57	4,80	4,80	0,00
Siria	−4,55	−4,97	0,45	1,91	0,48	1,42	0,06	−3,29	3,47
Túnez	2,45	−2,23	4,79	−0,09	−1,07	0,99	1,97	1,97	0,00
Turquía	1,27	0,63	0,64	1,11	−0,01	1,12	1,97	−1,48	3,50

Source: IFPRI calculations, based on FAOSTAT data.

Cuadro 5, continuación

Región/país	1981–90			1991–2000			2001–09		
	PTF	Eficiencia	Cambio técnico	PTF	Eficiencia	Cambio técnico	PTF	Eficiencia	Cambio técnico
ESTE DE ASIA Y ASIA MERIDIONAL	**−0,13**	**−0,60**	**0,46**	**1,12**	**0,02**	**1,09**	**1,92**	**−0,11**	**2,02**
Bangladesh	0,11	−0,57	0,68	2,82	0,57	2,24	3,77	0,00	3,77
China	0,90	0,62	0,28	2,96	2,90	0,06	−0,49	−2,02	1,56
Filipinas	−0,83	−1,50	0,68	0,58	0,19	0,40	6,86	1,49	5,30
India	−0,24	−0,38	0,14	0,33	−0,37	0,70	−0,54	−1,09	0,55
Indonesia	0,56	0,00	0,56	2,93	−0,00	2,93	1,41	−0,00	1,41
Malasia	0,85	−0,29	1,15	−0,88	−1,18	0,31	2,10	1,65	0,44
Mongolia	0,62	0,30	0,32	10,05	6,20	3,62	0,80	−0,92	1,73
Nepal	−0,02	−0,66	0,65	0,07	−0,37	0,44	8,76	2,32	6,30
Pakistán	0,06	−0,24	0,30	0,10	−1,17	1,28	−0,79	−2,23	1,48
Sri Lanka	−0,54	−0,62	0,08	0,30	0,28	0,02	−1,74	−1,88	0,14
Tailandia	−3,71	−3,81	0,10	0,06	−0,53	0,59	1,58	0,49	1,08
Vietnam	0,63	0,00	0,63	−5,86	−6,28	0,45	1,36	0,87	0,48
AMÉRICA LATINA	**0,54**	**−2,23**	**2,87**	**1,78**	**1,13**	**0,63**	**1,87**	**1,36**	**0,51**
Argentina	0,96	0,49	0,47	−0,36	−1,34	1,00	4,01	2,10	1,87
Bolivia	0,19	0,19	0,00	2,04	2,04	0,00	−0,05	−0,05	0,00
Brasil	3,17	−1,43	4,66	1,04	0,14	0,90	5,19	5,19	0,00
Chile	0,84	−5,29	6,47	0,94	0,15	0,79	3,65	3,65	0,00
Colombia	0,45	−3,06	3,63	3,65	3,12	0,51	2,31	2,31	0,00
Costa Rica	3,06	−3,01	6,25	2,72	2,04	0,66	3,26	3,26	0,00
Ecuador	0,32	−1,60	1,96	−1,40	−1,71	0,32	−0,90	−0,90	−0,00
El Salvador	−1,29	−4,06	2,88	1,33	0,88	0,44	3,27	3,27	0,00
Guatemala	0,91	−0,98	1,91	1,41	0,94	0,46	1,44	0,87	0,57
Haití	−0,77	−0,77	0,00	−1,28	−1,31	0,03	−0,71	−0,75	0,04
México	−1,49	−5,40	4,14	2,34	1,22	1,11	2,32	1,95	0,36
Nicaragua	−0,22	−4,10	4,05	5,68	5,21	0,45	−2,67	−2,67	0,00
Panamá	0,24	−3,50	3,87	0,87	0,09	0,78	3,31	3,31	0,00
Perú	1,40	−0,39	1,80	3,31	3,22	0,08	2,05	2,04	0,01
República Dominicana	0,63	−0,31	0,94	1,20	0,43	0,76	4,32	0,00	4,32
Uruguay	1,37	0,59	0,78	1,73	0,99	0,74	1,12	−0,35	1,47
Venezuela	−0,54	−5,20	4,91	4,99	3,18	1,75	−0,07	−0,07	0,00
TODAS LAS REGIONES	**0,66**	**−0,81**	**1,50**	**1,66**	**0,67**	**0,98**	**2,17**	**0,84**	**1,33**

NOTAS

CAPÍTULO 1

Texto

[1] N. Kumar y A. R. Quisumbing, *Gendered Impacts of the 2007–08 Food Price Crisis: Evidence Using Panel Data from Rural Ethiopia,* Documento de discusión del IFPRI núm. 1093 (Washington, DC: Instituto Internacional de Investigación sobre Políticas Alimentarias, 2011).

[2] Centre for Research on the Epidemiology of Disasters (CRED), Universidad Católica de Lovaina (Bélgica), EM-DAT: The International Disaster Database, www.emdat.be/database.

[3] Munich Re, "Review of Natural Catastrophes in 2011: Earthquakes Result in Record Loss Year" (Examen de desastres naturales en 2011: los terremotos ocasionan un año récord en pérdidas), comunicado de prensa, 4 de enero de 2012.

[4] H. De Gorter y D. Just, "The Economics of Blend Mandates for Biofuels", *American Journal of Agricultural Economics* 91, núm. 3 (2009): 738–750.

[5] Organización de las Naciones Unidas para la Alimentación y la Agricultura, *El estado de los recursos de tierra y de agua del mundo: Cómo gestionar los sistemas en peligro* (Roma y Londres: FAO y Earthscan, 2011).

[6] J. Behrman, R. Meinzen-Dick y A. Quisumbing, "The Gender Implications of Large-Scale Land Deals", *Journal of Peasant Studies* 39, núm. 1 (2012): 49–79.

[7] Grupo de expertos de alto nivel sobre seguridad alimentaria y nutrición del Comité de Seguridad Alimentaria Mundial, *Tenencia de la tierra e inversiones internacionales en agricultura* (Roma: 2011); Organización de las Naciones Unidas para la Alimentación y la Agricultura (FAO), "El jefe de la FAO alerta sobre el acaparamiento de tierras: La inversión extranjera como herramienta para el desarrollo", comunicado de prensa, 12 de mayo de 2011; K. Deininger y D. Byerlee con J. Lindsay, A. Norton, H. Selod y M. Stickler, *Rising Global Interest in Farmland: Can It Yield Sustainable and Equitable Benefits?* (Washington, DC: Banco Mundial); Fondo Internacional de Desarrollo Agrícola, *Respuesta a la "apropiación de tierras" y promoción de la inversión responsable en la agricultura, Serie Documentos ocasionales del FIDA* (Roma: 2011).

CAPÍTULO 2

Texto

[1] C. Martins-Filho, M. Torero y F. Yao, "Estimation of Quantiles Based on Nonlinear Models of Commodity Price Dynamics and Extreme Value Theory" (Washington, DC: Instituto Internacional de Investigación sobre Políticas Alimentarias, 2010), mimeo.

[2] La figura 2 muestra los resultados de un modelo de la evolución dinámica de los rendimientos diarios basado en datos históricos desde 1954 (conocido como Modelo del Cuantil Extremo No Paramétrico [NEXQ, por sus siglas en inglés]). Este modelo luego se combina con la teoría del valor extremo para estimar los cuantiles de orden superior de la serie de rendimientos, permitiendo la clasificación de cualquier rendimiento particular obtenido (esto es, rendimiento efectivo en el mercado de futuros) como sí o no extremadamente alto. Un período caracterizado por una variación extrema de precios (volatilidad) es aquel en que observamos una gran cantidad de rendimientos extremadamente positivos. Un rendimiento extremadamente positivo se define como aquel que sobrepasa un cierto umbral preestablecido. Este umbral se define normalmente como un cuantil de orden superior (95%) (esto es, un valor de rendimiento que tiene una baja probabilidad de ser sobrepasado: 5%). Uno o dos de tales rendimientos no necesariamente indican un período de volatilidad excesiva. Los períodos de volatilidad excesiva son identificados con base en una prueba estadística aplicada al número de veces en que se producen los valores extremos en una ventana móvil de 60 días consecutivos.

[3] P. Al-Riffai, B. Dimaranan y D. Laborde, "Global Trade and Environmental Impact Study of the EU Biofuels Mandate", informe sobre un estudio realizado por el Instituto Internacional de Investigación sobre Políticas Alimentarias (IFPRI) para la Dirección General del Medio Ambiente de la Comisión Europea (Bruselas, 2010), mimeo; P. Al-Riffai, B. Dimaranan y D. Laborde, "European Union and United States Biofuel Mandates: Impacts on World Markets", Notas técnicas núm. IDB-TN-191 (Washington, DC: Banco Interamericano de Desarrollo, 2010); D. Laborde, *Assessing the Land Use Changes Consequences of European Biofuel Policies and Its Uncertainties,* informe de investigación de ATLASS para la Dirección General del Medio Ambiente de la Comisión Europea (Bruselas, 2011).

[4] Organización de Cooperación y Desarrollo Económicos, *Rising Food Prices: Causes and Consequences,* Informe de políticas de la OCDE (París, 2008), www.oecd.org/dataoecd/54/42/40847088.pdf; J. von Braun, *El aumento en los precios de los alimentos: ¿Qué hacer?* Perspectiva de políticas alimentarias del IFPRI (Washington, DC: Instituto Internacional de Investigación sobre Políticas Alimentarias, 2008); Departamento de Agricultura de los EE. UU., World Agricultural Outlook Board, *World Agricultural Supply and Demand Estimates,* WASDE-460 (Washington, DC, 2008); D. Headey y S. Fan, *Reflections on the Global Food Crisis: How Did It Happen? How Has It Hurt? And How Can We Prevent the Next One?* Monografía de investigación 165 (Washington, DC: Instituto Internacional de Investigación sobre Políticas Alimentarias, 2010); Gobierno de SM, *The 2007/08 Agricultural Price Spikes: Causes and Policy Implications* (Londres: Departamento de Medio Ambiente, Alimentación y Asuntos Rurales, 2010).

[5] R. H. Kripalani, J. H. Oh, A. Kulkarni, S. S. Sabered y H. S. Chaudhari, "South Asian Summer Monsoon Precipitation Variability: Coupled Climate Model Simulations and Projections under IPCC AR4", *Theoretical and Applied Climatology* 90, núms. 3–4 (2007): 133–159; M. J. Salinger, "Climate Variability and Change: Past, Present, and Future—An Overview", *Climatic Change* 70, núms. 1–2 (2005): 9–29; K. Viatcheslav, F. W. Zwiers, X. Zhang, and G. C. Hegerl, "Changes in Temperature and Precipitation Extremes in the IPCC Ensemble of Global Coupled Model Simulations", *Journal of Climate* 20, núm. 8 (2010): 1419–1444; F. Giorgi, X. Bi y J. Pal, "Mean, Interannual Variability and Trends in a Regional Climate Change Experiment over Europe. II: Climate Change Scenarios (2071–2100)", *Climate Dynamics* 23, núms. 7–8 (2004): 839–858.

[6] G. C. Nelson, M. W. Rosegrant, A. Palazzo, I. Gray, C. Ingersoll, R. Robertson, S. Tokgoz, et al., *Food Security, Farming, and Climate Change to 2050: Scenarios, Results, Policy Options* (Washington, DC: Instituto Internacional de Investigación sobre Políticas Alimentarias, 2010).

[7] M. Hernández y M. Torero, "Examining the Dynamic Relationship between Spot and Futures Prices of Agricultural Commodities" en

Commodity Market Review 2009–2010 (Roma: Organización de las Naciones Unidas para la Alimentación y la Agricultura, 2010).

[8] W. Martin y K. Anderson, "Trade Distortions and Food Price Surges", documento preparado para el Banco Mundial–Universidad de California, Berkeley, conferencia "Agriculture for Development—Revisited", Berkeley, CA, EE. UU, 1 y 2 de octubre, 2010.

[9] B. Wright, *International Grain Reserves and Other Instruments to Address Volatility in Grain Markets,* Informe de trabajo sobre investigación de políticas 5028 (Washington, DC: Banco Mundial, 2009).

[10] P. Timmer, "Reflections on Food Crises Past", *Food Policy* 35, núm. 1 (2010): 1–11.

[11] B. Wright, *Speculators, Storage, and the Price of Rice* (Giannini Foundation of Agricultural Economics, Universidad de California, Berkeley, 2008); Wright, *International Grain Reserves and Other Instruments to Address Volatility;* A. Evans, *The Feeding of the Nine Billion: Global Food Security for the 21st Century* (Londres: Chatham House, 2009).

[12] Martins-Filho, Torero y Yao, "Estimation of Quantiles Based on Nonlinear Models of Commodity Price Dynamics".

[13] A. Sarris, *Hedging Cereal Import Price Risks and Institutions to Assure Import Supplies,* Documento de trabajo de la FAO (Roma: Organización de las Naciones Unidas para la Alimentación y la Agricultura, 2009).

[14] Wright, *International Grain Reserves and Other Instruments to Address Volatility;* J. Lin, "Observaciones preparadas presentadas en la mesa redonda sobre 'Preparación para la próxima crisis de los precios de los alimentos'", Center for Global Development, Washington, DC, 17 de octubre de 2008.

[15] J. von Braun y M. Torero, *Physical and Virtual Global Food Reserves to Protect the Poor and Prevent Market Failure,* Perspectiva de políticas alimentarias 4 (Washington, DC: Instituto Internacional de Investigación sobre Políticas Alimentarias, 2008).

[16] Lin, "Observaciones preparadas presentadas en la meda redonda"; J. von Braun, J. Lin y M. Torero, "Eliminating Drastic Food Price Spikes: A Three-Pronged Approach for Reserves", nota para discusión (Instituto Internacional de Investigación sobre Políticas Alimentarias, Washington, DC, 2009); y para el arroz: Timmer, "Reflections on Food Crises Past".

[17] von Braun y Torero, *Physical and Virtual Global Food Reserves;* J. von Braun y M. Torero, *Implementing the Physical and Virtual Food Reserves to Protect the Poor and Prevent Market Failure,* Perspectivas de políticas alimentarias del IFPRI 10 (Washington, DC: Instituto Internacional de Investigación sobre Políticas Alimentarias, 2009); J. von Braun y M. Torero, "Exploring the Price Spike", *Choices* 24, núm. 1 (2009), www.choicesmagazine.org/magazine/article.php?article=58. Consulta: 16 de marzo de 2012.

Recuadro 1

[1] K. Anderson y S. Nelgen, "Agricultural Trade Distortions during the Global Financial Crisis", *Oxford Review of Economic Policy* 28, núm. 1 (2012).

[2] W. Martin y K. Anderson, "Export Restrictions and Price Insulation during Commodity Price Booms", *American Journal of Agricultural Economics* 94, núm. 2 (2012): 422–27.

CAPÍTULO 3

Texto

[1] S. Devereux, *Vulnerable Livelihoods in Somali Region, Ethiopia,* Research Report No. 57 (Sussex, Reino Unido: Institute for Development Studies, 2006); C. Funk, *A Climate Trend Analysis of Kenya: August 2010,* US Geological Survey Fact Sheet 2010-3074 (Washington, DC: US Geological Survey, 2010); A. P. Williams y C. Funk, "A Westward Extension of the Warm Pool Leads to a Westward Extension of the Walker Circulation, Drying Eastern Africa", *Climate Dynamics* 37, núms. 11–12 (2011): 2417–2435.

[2] A. Sen, *Poverty and Famines: An Essay on Entitlement and Deprivation* (Oxford, Reino Unido: Clarendon Press, 1981).

[3] S. Devereux, "Introduction: From 'Famines' to 'New Famines', en *The New Famines: Why Famines Persist in an Era of Globalization,* ed. S. Devereux (Londres: Routledge, 2007).

[4] Véase, por ejemplo, J. G. McPeak, P. D. Little y C. R. Doss, *Risk and Social Change in an African Rural Economy: Livelihoods in Pastoralist Communities* (Nueva York: Routledge, 2011); F. Flintan, *Broken Lands: Broken Lives? Causes, Processes, and Impacts of Land Fragmentation in the Rangelands of Ethiopia, Kenya, and Uganda* (Nairobi: REGLAP [Regional Learning and Advocacy Programme], 2011); y Devereux, Vulnerable Livelihoods in Somali Region, Ethiopia.

[5] J. F. Maystadt, A. Mabiso y O. Ecker, "Climate Change and Civil War in Somalia: Does Drought Fuel Conflict through Livestock Price Shocks?" documento presentado en el curso práctico organizado por Agencia de los Estados Unidos para el Desarrollo Internacional/Instituto Internacional de Investigación sobre Políticas Alimentarias sobre aumento de la resiliencia en el Cuerno de África, Washington, DC, 13 y 14 de diciembre de 2011.

[6] T. J. Lybbert, C. B. Barrett, S. Desta y D. L. Coppock, "Stochastic Wealth Dynamics and Risk Management among a Poor Population", *Economic Journal* 114, núm. 498 (2004): 750–777; McPeak, Little y Doss, *Risk and Social Change in an African Rural Economy;* Flintan, *Broken Lands;* Devereux, *Vulnerable Livelihoods in Somali Region, Ethiopia.*

[7] I. Livingstone, "The Common Property Problem and Pastoralist Economic Behavior", *Journal of Development Studies* 23, núm. 1 (1986): 5–19.

[8] Lybbert et al., "Stochastic Wealth Dynamics and Risk Management among a Poor Population".

[9] P. D. Little, R. Behnke, J. McPeak y G. Gebru, *Retrospective Assessment of Pastoral Policies in Ethiopia, 1991–2008, Report Number 1, Pastoral Economic Growth and Development Policy Assessment,* estudio encomendado por el Departamento de Desarrollo Internacional del Reino Unido (Londres, 2010).

[10] Lybbert et al., "Stochastic Wealth Dynamics and Risk Management among a Poor Population".

[11] Flintan, *Broken Lands.*

[12] Little et al., "Retrospective Assessment of Pastoral Policies in Ethiopia, 1991–2008"; Flintan, *Broken Lands;* McPeak, Little y Doss, *Risk and Social Change in an African Rural Economy.*

[13] Devereux, *Vulnerable Livelihoods in Somali Region, Ethiopia.*

[14] Para consultar un examen, véase D. Headey, A. S. Taffesse y L. You, *Enhancing Resilience in the Horn of Africa: An Exploration into Alternative Investment Options,* Documento de discusión del IFPRI 1176 (Washington, DC: Instituto Internacional de Investigación sobre Políticas Alimentarias, 2012).

[15] Devereux, *Vulnerable Livelihoods in Somali Region, Ethiopia.*

[16] Headey, Taffesse y You, *Enhancing Resilience in the Horn of Africa.*

[17] P. D. Little, *Somalia: Economy without State* (Bloomington, IN, EE. UU.: Indiana University Press, 2003).

[18] McPeak, Little y Doss, *Risk and Social Change in an African Rural Economy*; Devereux, *Vulnerable Livelihoods in Somali Region, Ethiopia.*

[19] Ibíd.

[20] Ibíd.

[21] Little, *Somalia: Economy without State.*

[22] Headey, Taffesse y You, *Enhancing Resilience in the Horn of Africa.*

[23] Little et al., "Retrospective Assessment of Pastoral Policies in Ethiopia, 1991–2008".

[24] Y. Aklilu y A. Catley, *Livestock Exports from the Horn of Africa: An Analysis of Benefits by Pastoralist Wealth Group and Policy Implications* (Medford, MA: Feinstein International Center, Tufts University, 2010).

[25] McPeak, Little y Doss, *Risk and Social Change in an African Rural Economy.*

[26] Devereux, *Vulnerable Livelihoods in Somali Region, Ethiopia.*

[27] Comunicación personal con John Graham, USAID Etiopía.

[28] Headey, Taffesse y You, *Enhancing Resilience in the Horn of Africa.*

[29] J. Konyndyk, "Exploring the Links between Peacebuilding and Drought Resiliency in the Horn: Lessons from Mercy Corps' Programs", presentación en el curso práctico sobre organizado por la Agencia de los Estados Unidos para el Desarrollo Internacional y el Instituto Internacional de Investigación sobre Políticas Alimentarias, Washington, DC, 13 y 14 de diciembre.

Recuadro 3

[1] P. A. Dorosh, S. J. Malik y M. Krausova, "Rehabilitating Agriculture and Promoting Food Security Following the 2010 Pakistan Floods", *Pakistan Development Review* 49, núm. 3 (2010): 167–192.

[2] Para obtener más información sobre las inundaciones de 2011 en Pakistán, véase Organización de las Naciones Unidas para la Alimentación y la Agricultura, "Pakistan Floods 2011", www.FAO.org/emergencies/country_information/list/asia/pakistanfloods2011. Consulta: 15 de marzo de 2012.

Recuadro 4

[1] Para más información sobre la crisis en el Cuerno de África, véase Programa Mundial de Alimentos, "Horn of Africa Crisis", www.wfp.org/crisis/horn-of-africa. Consulta: 15 de marzo de 2012.

CAPÍTULO 4

Texto

[1] Véase por ejemplo D. B. Lobell, W. Schlenker y J. Costa-Roberts, "Climate Trends and Global Crop Production since 1980", *Science* 333, núm. 6042 (2011): 616–620, http://dx.doi.org/10.1126/science.1204531.

[2] P. Ericksen, P. Thornton, A. Notenbaert, L. Cramer, P. Jones y M. Herrero, *Mapping Hotspots of Climate Change and Food Insecurity in the Global Tropics,* Informe del CCAFS núm. 5 (Copenhague: Programa de Investigación sobre el Cambio Climático, la Agricultura y la Seguridad Alimentaria del CGIAR [CCAFS], 2011), http://ccafs.cgiar.org/sites/default/files/assets/docs/ccafsreport5-climate_hotspots_final.pdf.

[3] K. K. Garg, L. Karlberg, J. Barron, S. P. Wani y J. Rockstrom, "Assessing Impacts of Agricultural Water Interventions in the Kothapally Watershed, Southern India", *Hydrological Processes* 26, núm. 3 (2011): 287–404, http://dx.doi.org/10.1002/hyp.8138.

[4] J. Wang, J. Huang y S. Rozelle, *Climate Change and China's Agricultural Sector: An Overview of Impacts, Adaptation, and Mitigation,* Issue Brief No. 5 (Ginebra y Washington, DC: Centro Internacional para el Comercio y el Desarrollo Sostenible e International Food and Agricultural Trade Policy Council, 2010).

[5] E. Bryan, C. Ringler, B. Okoba, J. Koo, M. Herrero y S. Silvestri, *Agricultural Management for Climate Change Adaptation, Greenhouse Gas Mitigation, and Agricultural Productivity: Insights from Kenya,* Documento de discusión del IFPRI 1098 (Washington, DC: Instituto Internacional de Investigación sobre Políticas Alimentarias, 2011).

[6] W. Schlenker Y M. J. Roberts, "Nonlinear Temperature Effects Indicate Severe Damages to US Crop Yields under Climate Change", *Proceedings of the National Academy of Sciences of the United States of America* 106, núm. 37 (2009): 15594–15598, http://dx.doi.org/10.1073/pnas.0906865106.

[7] Lobell, Schlenker y Costa-Roberts, "Climate Trends and Global Crop Production since 1980".

Recuadro 5

[1] S. S. Yadav, R. Redden, J. L. Hatfield, H. Lotze-Campen, y A. Hall, eds., *Crop Adaptation to Climate Change* (West Sussex, Inglaterra, Reino Unido: Wiley, 2011).

[2] Programa de Investigación sobre el Cambio Climático, la Agricultura y la Seguridad Alimentaria del CGIAR, "Researchers Outline Food Security–Climate Change Road Map in Science", http://ccafs.cgiar.org/news/research-highlights/final-report-mapping-hotspots-mapping-hotspots-climate-change-and-food. Consulta: 15 de febrero de 2012.

[3] Programa de Investigación sobre el Cambio Climático, la Agricultura y la Seguridad Alimentaria del CGIAR, "Climate Change Emissions and Livelihoods at the Forest-Farm Frontier", http://ccafs.cgiar.org/news/pro-poor-mitigation/climate-change-emissions-and-livelihoods-forest-farm-frontier. Consulta: 15 de febrero de 2012.

[4] Programa de Investigación sobre el Cambio Climático, la Agricultura y la Seguridad Alimentaria del CGIAR, "Meet the Gender, Climate Change, Agriculture, and Food Security Grant Recipients", http://ccafs.cgiar.org/news/decision-support/

meet-gender-climate-change-agriculture-and-food-security-grant-recipients. Consulta: 15 de febrero de 2012.

[5] CGIAR, "Change and Innovation: Climate Adaptation Practices", http://consortium.cgiar.org/change-and-innovation-climate-adaptation-practices. Consulta: 15 de febrero de 2012.

CAPÍTULO 5

Texto

[1] Organización de las Naciones Unidas para la Alimentación y la Agricultura y Organización para la Cooperación y el Desarrollo Económicos, "Development, Price Volatility in Food and Agricultural Markets: Policy Responses", informe sobre políticas que incluye contribuciones de la FAO, el FIDA, el FMI, la OCDE, la UNCTAD, el PMA, el Banco Mundial, la OMC, el IFPRI y el HLTF de las Naciones Unidas (Roma y París, 2011), www.oecd.org/dataoecd/40/34/48152638.pdf. Consulta: 19 de marzo de 2012.

[2] FAO y OCDE, "Price Volatility in Food and Agricultural Markets".

[3] C. Valdes, "Brazil's Ethanol Industry: Looking Forward", BIO-02 (Washington, DC: Economic Research Service, Departamento de Agricultura de los EE. UU., 2011), www.ers.usda.gov/Publications/BIO02/BIO02.pdf. Consulta: 19 de marzo de 2012.

[4] H. Qiu, J. Huang, J. Yang, S. Rozelle y Y. Zhang, "Bioethanol Development in China and the Potential Impacts on Its Agricultural Economy", *Applied Energy* 87, núm. 1 (2010): 76–83.

[5] A. Elobeid y C Hart, "Ethanol Expansion in the Food versus Fuel Debate: How Will Developing Countries Fare?" *Journal of Agricultural and Food Industrial Organization* 5, núm. 2 (2007); M. W. Rosegrant, T. Zhu, S. Msangi y T. Sulser, "Global Scenarios for Biofuels: Impacts and Implications", *Review of Agricultural Economics* 30, núm. 3 (2008): 495–505.

[6] T. Searchinger, R. Heimlich, R. A. Houghton, F. Dong, A. Elobeid, J. Fabiosa, S. Tokgoz, D. Hayes y T.-H. Yu, "Use of U.S. Croplands for Biofuels Increases Greenhouse Gases through Emissions from Land-Use Change", *Science* 319, no. 5867 (2008): 1238–1240; J. Fargione, J. Hill, D. Tilman, S. Polasky, and P. Hawthorne, "Land Clearing and the Biofuel Carbon Debt", *Science* 319, núm. 5867 (2008): 1235.

[7] P. Al-Riffai, B. Dimaranan y D. Laborde, *Global Trade and Environmental Impact Study of the EU Biofuels Mandate,* Informe final para la Dirección General del Medio Ambiente de la Comisión Europea (Instituto Internacional de Investigación sobre Políticas Alimentarias, Washington, DC, 2010).

[8] D. Laborde, *Assessing the Land Use Change Consequences of European Biofuel Policies,* Informe final para la Dirección General del Medio Ambiente de la Comisión Europea (Instituto Internacional de Investigación sobre Políticas Alimentarias, Washington, DC, 2011).

[9] H. De Gorter and D Just, "The Economics of Blend Mandates for Biofuels", *American Journal of Agricultural Economics* 91, núm. 3 (2009): 738–750.

[10] J. von Braun, *La Situación Alimentaria Mundial: Nuevos factores y acciones necesarias,* Informe sobre políticas alimentarias del IFPRI (Washington, DC: Instituto Internacional de Investigación sobre Políticas Alimentarias, 2008); C. F. Runge y B. Senauer, "How Biofuels Could Starve the Poor", *Foreign Affairs* 86, núm. 3 (2007): 41–53; C. F. Runge y B. Senauer, "How Ethanol Fuels the Food Crisis", *Foreign Affairs,* 28 de mayo de 2008; B. D. Wright, "The Economics of Grain Price Volatility", *Applied Economic Perspectives and Policy* 33, núm. 1 (2011): 32–58.

[11] B. Babcock, *The Impact of US Biofuel Policies on Agricultural Price Levels and Volatility,* ICTSD Issue Paper No. 35 (Ginebra: Centro Internacional para el Comercio y el Desarrollo Sostenible, 2011).

[12] D. Sperling y S. Yeh, "Low Carbon Fuel Standards", *Issues in Science and Technology* (Primer trimestre de 2009): 57–66; D. Sperling y S. Yeh, "Toward a Global Low Carbon Fuel Standard, *Transport Policy* 17, núm. 1 (2010): 47–49.

[13] M. Khanna, X. Chen, H. Huang y H. Onal, "Land Use and Greenhouse Gas Mitigation Effects of Biofuel Policies", *University of Illinois Law Review* 2 (2011): 549–588; S. Kim and B. E. Dale, "Indirect Land Use Change for Biofuels: Testing Predictions and Improving Analytical Methodologies", *Biomass and Bioenergy* 91, núm. 3 (2011): 1–6.

[14] S. Msangi, M. Batka, J. Witcover y S. Yeh, *Global Land Use Change from US Biofuels: Finding Effective Mitigation Strategies,* documento de discusión sobre el "National Low Carbon Fuel Standard Study" (Davis, CA, EE. UU.: Institute for Transportation Studies, 2012).

[15] D. C. Headey y S. Fan, *Reflections on the Global Food Crisis: How Did It Happen? How Did It Hurt? And How Can We Prevent the Next One?* Monografía de investigación 165 (Washington, DC: Instituto Internacional de Investigación sobre Políticas Alimentarias, 2010.

CAPÍTULO 6

Texto

[1] Instituto Internacional de Investigación sobre Políticas Alimentarias, *Agriculture, Nutrition, and Health: Exploiting the Linkages,* Folleto de la Conferencia 2020 del IFPRI (Washington, DC, 2010).

[2] Sistema de las Naciones Unidas, Comité Permanente de Nutrición, Programa de acción (de la Iniciativa SUN) para el fomento de la nutrición, http://www.unscn.org/en/scaling_up_nutrition_sun/.

[3] Instituto Internacional de Investigación sobre Políticas Alimentarias, *Leveraging Agriculture for Improving Nutrition and Health: Highlights from an International Conference* (Washington, DC, 2011).

[4] S. Fan, R. Pandya-Lorch y H. Fritschel, "Overview", en *Reshaping Agriculture for Nutrition and Health,* editado por S. Fan y R. Pandya-Lorch (Washington, D.C.: Instituto Internacional de Investigación sobre Políticas Alimentarias, 2012).

[5] Ibíd.; C. Hawkes y M. Ruel, *Value Chains for Nutrition,* Perspectiva de la Conferencia 2020 del IFPRI 4 (Washington, DC: Instituto Internacional de Investigación sobre Políticas Alimentarias, 2011).

[6] IFPRI, *Leveraging Agriculture for Improving Nutrition and Health: Highlights from an International Conference.*

[7] IFPRI, *Leveraging Agriculture for Improving Nutrition and Health: The Way Forward* (Washington, DC, 2011); IFPRI, *Leveraging Agriculture for Improving Nutrition and Health: Powerpoint at a Glance* (Washington, DC, 2011).

Recuadro 6

[1] Para más información sobre el Programa de Investigación del CGIAR sobre Agricultura para mejorar la nutrición y la salud, véase Instituto Internacional de Investigación sobre Políticas Alimentarias,

"Agriculture for Improved Nutrition and Health (CRP4)", www.ifpri.org/ourwork/division/agriculture-improved-nutrition-and-health-crp4.

Recuadro 7

[1] La información de este recuadro se basa sobre R. Paarlberg, *2020 Conference "Leveraging Agriculture for Improving Nutrition and Health" New Delhi, India, 10 a 12 de febrero de 2011: Interim Report on Short-Term Impact* (Washington, DC: Instituto Internacional de Investigación sobre Políticas Alimentarias, 2011).

Recuadro 9

[1] Plataforma de recursos NEXUS sobre agua, energía y seguridad alimentaria (*The Water, Energy, & Food Security NEXUS Resource Platform*), "Bonn2011 Conference", www.water-energy-food.org/en/whats_the_nexus/bonn_nexus_conference.html. Consulta: 15 de marzo de 2012.

[2] Para consultar una reseña general de los datos del IFPRI sobre el nexo entre alimentos, agua y energía, véase Veolia Water, *Finding the Blue Path for a Sustainable Economy*, White Paper, www.veoliawaterna.com/north-america-water/ressources/documents/1/19979,IFPRI-White-Paper.pdf. Consulta: 15 de marzo de 2012.

CAPÍTULO 7

Texto

[1] Convención de las Naciones Unidas de Lucha contra la Desertificación, "Las Tierras y los suelos en el contexto de una economía verde para lograr el desarrollo sostenible, la seguridad alimentaria y la erradicación de la pobreza", La presentación de la Secretaría de la CNULD para el Proceso Preparatorio de la conferencia Río+20, noviembre de 2011, http://www.unccd.int/Lists/SiteDocumentLibrary/Publications/Rio%206%20pages%20singleSPA%20small.pdf

[2] E. Nkonya, N. Gerber, P. Baumgartner, J. von Braun, A. De Pinto, V. Graw, E. Kato, J. Kloos y T. Walter, *The Economics of Land Degradation: Toward an Integrated Global Assessment,* Development Economics and Policy Series, Vol. 66, editado por F. Heidhues, J. von Braun, y M. Zeller (Frankfurt: Peter Lang, 2011).

[3] E. Nkonya, F. Place, J. Pender, M. Mwanjololo, A. Okhimamhe, E. Kato, S. Crespo, J. Ndjeunga y S. Traore, "Climate Risk Management through Sustainable Land Management in Sub-Saharan Africa", Documento del discusión del IFPRI 1126 (Washington, DC: Instituto Internacional de Investigación sobre Políticas Alimentarias, 2011).

[4] N. Linacre, A. Kossoy y P. Ambrosi, *State and Trends of the Carbon Market* (Washington, DC: Banco Mundial, 2011).

[5] D. Celentano, E. Sills, M. Sales y A. Veríssimo, "Welfare Outcomes and the Advance of the Deforestation Frontier in the Brazilian Amazon", *World Development* 40, núm. 4 (2012): 850–64, http://dx.doi.org/10.1016/j.worlddev.2011.09.002.

[6] J. C. Cole y D. M. Liverman, "Brazil's Clean Development Mechanism Governance in the Context of Brazil's Historical Environment–Development Discourses", *Carbon Management* 2, núm. 2 (2011): 145–60.

[7] Convenio sobre la Diversidad Biológica, *Perspectiva Mundial sobre la Diversidad Biológica 3* (Montreal, 2010).

[8] Organización de las Naciones Unidas para la Alimentación y la Agricultura, base de datos FAOSTAT, http://faostat.FAO.org.

[9] J. Bruinsma, "The Resource Outlook to 2050", en *Proceedings of the Expert Meeting on How to Feed the World in 2050* (Roma: Organización de las Naciones Unidas para la Alimentación y la Agricultura, 2009).

[10] R. Licker, M. Johnston, J. A. Foley, C. Barford, C. J. Kucharik, C. Monfreda y N. Ramankutty, "Mind the Gap: How Do Climate and Agricultural Management Explain the 'Yield Gap' of Croplands around the World?" *Global Ecology and Biogeography* 119, núm. 6 (2010): 769–782.

[11] D. S. Powlson, P. J. Gregory, W. R. Whalley, J. N. Quinton, D. W. Hopkins, A. P. Whitmore, P. R. Hirsch y K. W. T. Goulding, "Soil Management in Relation to Sustainable Agriculture and Ecosystem Services", *Food Policy* 36, núm. 1 (2011): S72–S87.

[12] F. Akinnifesi, O. C. Ajayi, G. Sileshi, P. W. Chirwa y J. Chianu, "Fertiliser Trees for Sustainable Food Security in the Maize-based Production Systems of East and Southern Africa: A Review", *Agronomy for Sustainable Development* 30, núm. 3 (2010): 615–29.

[13] Nkonya et al., *Climate Risk Management.*

[14] E. Nkonya, "N in Africa's Country and Regional Policies: Lessons to Enhance Broader Stakeholder and Policy-maker engagement", en M. Bekunda, N. Karanja y A. Langyintuo, eds., *Impact of Nitrogen on African Agriculture and the Environment*, International Nitrogen Initiative (Dordrecht, Países Bajos: Springer, de futura aparición).

[15] B. Banful, E. Nkonya y V. Oboh, *Constraints to Fertilizer Use in Nigeria: Insights from Agricultural Extension Service*, Documento de discusión del IFPRI 1010 (Washington, DC: Instituto Internacional de Investigación sobre Políticas Alimentarias 2010); E. Nkonya, A. Nana, B. Bashaasha, E. Kato Y M. Magheni, "Pluralist and Demand-driven and Traditional Supply-driven Agricultural Extension Services in Africa: Which Reaches More Farmers and Women? The case of Uganda", documento presentado en la conferencia de Tropentag "Development in the Margin", Bonn, 5 a 7 de octubre de 2011.

Recuadro 10

[1] R. Kaur, "Return of Village Land", *Down to Earth*, 28 de febrero de 2011, www.downtoearth.org.in/node/33020.

[2] Foundation for Ecological Security, "A Commons Story: In the Rain Shadow of the Green Revolution", presentación del proyecto de informe en la 13ª conferencia internacional de la Asociación Internacional para el Estudio de los Recursos Comunes, Hyderabad, India, 10 a 14 de enero de 2010.

Recuadro 11

[1] Organización de las Naciones Unidas para la Alimentación y la Agricultura, *Estado mundial de la agricultura y la alimentación 2010–2011* (Roma, 2011), www.fao.org/publications/sofa.

[2] S. Lastarria-Cornhiel, J. A. Behrman, R. Meinzen-Dick y A. R. Quisumbing, "Gender Equity and Land: Toward Secure and Effective Access for Rural Women", en *Gender in Agriculture and Food Security: Closing the Knowledge Gap*, eds. A. Quisumbing, R. Meinzen-Dick, T. Raney, A. Croppenstedt, J. A. Behrman y A. Peterman (Nueva York: Springer y FAO, de futura aparición).

[3] Banco Mundial, *Informe sobre el Desarrollo Mundial 2012: Igualdad de Género y Desarrollo* (Washington, DC: Banco Mundial, 2011).

[4] Lastarria-Cornhiel et al., "Gender Equity and Land".

[5] A. Bomuhangi, C. Doss y R. Meinzen-Dick, *Who Owns the Land? Perspectives from Rural Ugandans and Implications for Land Acquisitions,* Documento de discusión del IFPRI 1136 (Washington, DC: Instituto Internacional de Investigación sobre Políticas Alimentarias, 2011).

[6] N. Kumar y A. R. Quisumbing, "Policy Reform toward Gender Equality in Ethiopia: Little by Little the Egg Begins to Walk", manuscrito no publicado (Washington, DC: Instituto Internacional de Investigación sobre Políticas Alimentarias, 2010).

CAPÍTULO 8

Texto

[1] J. P. Pradhan y G. Lazaroiu, "Rise of Emerging Economies: An Introduction", *Economics, Management, and Financial Markets* 6, núm. 1 (2011): 8–18.

[2] Declaración conjunta de la segunda reunión de Ministro de Agricultura y Desarrollo Agrario de BRICS, 30 de octubre de 2011, Chengdu, China.

[3] S. Fan and J. Brzeska, *The Role of Emerging Countries in Global Food Security,* Perspectiva de políticas alimentarias del IFPRI 15 (Washington, DC: Instituto Internacional de Investigación sobre Políticas Alimentarias, 2010).

[4] Alianza de Busán para la Cooperación Eficaz al Desarrollo, Cuarto Foro de alto nivel sobre la eficacia de la ayuda, Busán, República de Corea, 29 de noviembre a 1 de diciembre de 2011.

[5] T. Elhaut y N. Berghinz, "South-South Cooperation in IFAD's Operating Model: A Background Paper on Experiences, Lessons Learnt, and Ways Forward" (Fondo Internacional de Desarrollo Agrícola, Roma, 2010).

[6] Consejo Económico y Social de las Naciones Unidas, "Background Study for the Development Cooperation Forum: Trends in South-South and Triangular Development Cooperation" (Nueva York, 2008), www.un.org/en/ecosoc/docs/pdfs/south-south_cooperation.pdf.

[7] D. Brautigam, *The Dragon's Gift: The Real Story of China in Africa,* (Oxford, Reino Unido: Oxford University Press, 2009).

[8] Foro Económico Mundial, *Desarrollar una nueva visión para la agricultura: una guía para las partes interesadas* (Ginebra, 2010).

[9] Foro Económico Mundial, Recomendaciones para la seguridad alimentaria del grupo de trabajo del Foro del G20, comunicado de prensa, 8 de junio de 2011,www.weforum.org/news/forum-g20-task-force-group-presents-recommendations-food-security.

[10] Sir Ratan Tata Trust & Navajbai Ratan Tata Trust, *Annual Report 2010–2011* (Mumbai, 2011).

[11] L.-E. Eleftheriou-Smith, "Unilever Launches Global Charity Foundation", *Marketing,* 27 de enero de 2012, www.marketingmagazine.co.uk/news/1114363/Unilever-launches-global-charity-foundation; *Publicity Update,* "Unilever Launches Global Foundation", 30 de enero de 2012, www.publicityupdate.co.za/?idstory=44564.

[12] Fundación Rockefeller, *Grants and Grantees: Alliance for a Green Revolution in Africa,* www.rockefellerfoundation.org/grants/grants-and-grantees/23e190b2-9cf7-4706-bc90-f4e70d036633.

[13] Ministros de Agricultura del G20, Plan de acción sobre la volatilidad de los precios de los alimentos y la agricultura, Declaración ministerial, Reunión de ministros de agricultura del G20, Paris, 22 y 23 de junio de 2011.

[14] Conferencia de las Naciones Unidas sobre Comercio y Desarrollo, "Cooperación Sur-Sur y cooperación triangular para el desarrollo de la agricultura sostenible y la seguridad alimentaria en los países en desarrollo", documento para el segundo período de sesiones, 14 a 16 de diciembre de 2009.

[15] Sitio web de la Fundación de Bill y Melinda Gates, www.gatesfoundation.org. Consulta: 30 de diciembre de 2011.

[16] S. Fan, *Reducir el hambre a la mitad: Consecución del primer Objetivo de Desarrollo mediante un enfoque inusual, IFPRI* Informe sobre políticas alimentarias (Washington, DC: Instituto Internacional de Investigación sobre Políticas Alimentarias, 2010).

[17] Foro Económico Mundial, Agricultura y seguridad alimentaria, http://www.weforum.org/issues/agriculture-and-food-security?fo=1.

[18] Red agroalimentaria internacional, "Propuesta de modalidades de participación del Sector Privado en el Comité de Seguridad Alimentaria Mundial", 37° período de sesiones, Comité de Seguridad Alimentaria Mundial, Roma, 17 a 22 de octubre de 2011.

Recuadro 12

[1] Las conclusiones que figuran en el Recuadro 12 se basan sobre una triangulación de informes de medios de comunicación, entrevistas, visitas de campo e investigaciones publicadas. Para conocer más detalles y consultar una fuente de información más específica, véase D. Brautigam y T. Xiaoyang, "China's Engagement in African Agriculture: Down to the Countryside", *China Quarterly* 199 (2009): 686–706; D. Brautigam, *The Dragon's Gift: The Real Story of China in Africa* (Oxford: Oxford University Press, 2009); y *China in Africa: The Real Story Blog,* http://chinaafricarealstory.com.

Recuadro 14

[1] Center for Global Prosperity del Hudson Institute, *Index of Global Philanthropy and Remittances 2011* (Washington, DC: 2011).

Recuadro 15

[1] Foro Económico Mundial, *Desarrollar una nueva visión para la agricultura: una guía para las partes interesadas* (Ginebra: Foro Económico Mundial, 2010), http://www3.weforum.org/docs/WEF_FB_NewVisionAgriculture_RoadMap_2011_SP.pdf

[2] PepsiCo, "PepsiCo to Partner with China's Ministry of Agriculture to Promote Sustainable Farming" (PepsiCo se asociará con el Ministerio de Agricultura de China para promover la agricultura sostenible), comunicado de prensa, 19 de septiembre de 2011, www.pepsico.com/PressRelease/PepsiCo-to-Partner-with-Chinas-Ministry-of-Agriculture-to-Promote-Sustainable-Fa09192011.html.

[3] PepsiCo, Greater China, *Performance with Purpose: Sustainability Report,* 2011, www.pepsico.com/Download/GCR_Sustainability_Report_EN_Final.pdf.

[4] PepsiCo, India, "Purpose: Human Sustainability", http://pepsicoindia.co.in/purpose/human-sustainability.html. Consulta: 13 de febrero de 2012.

CAPÍTULO 9

Texto

[1] Economist Intelligence Unit, Informes de país: Argelia, Bahrein, Comoras, Yibuti, Egipto, Irán, Iraq, Jordania, Kuwait, Líbano, Libia, Malta, Mauritania, Marruecos, Omán, Qatar, Arabia Saudí, Siria, Túnez, Emiratos Árabes Unidos y Yemen para enero, febrero, marzo y abril de 2011, www.eiu.com; Fondo Monetario Internacional, *Regional Economic Outlook: Middle East and Central Asia* (Washington, DC, 2011), www.imf.org/external/pubs/ft/reo/2011/mcd/eng/mreo0411.htm.

[2] *Regional Economic Outlook: Middle East and Central Asia; The Economist,* "Throwing Money at the Street", 10 de marzo de 2011, www.economist.com/node/18332638?story_id=18332638.

[3] Programa de las Naciones Unidas para el Desarrollo, *Arab Human Development Report 2009: Challenges to Human Security in the Arab Countries* (Nueva York, 2009); J. R. Harrigan y H. El-Said, "The Economic Impact of IMF and World Bank Programs in the Middle East and North Africa: A Case Study of Jordan, Egypt, Morocco, and Tunisia, 1983–2004", *Review of Middle East Economics and Finance* 6, núm. 2 (2010): 1–25, www.bepress.com/rmeef/vol6/iss2/art1.; C. Breisinger, O. Ecker y P. Al-Riffai, *Economics of the Arab Awakening: From Revolution to Transformation and Food Security,* Perspectiva de políticas alimentarias del IFPRI 18 (Washington, DC: Instituto Internacional de Investigación sobre Políticas Alimentarias, 2011).

[4] Fondo Monetario Internacional, "La recuperación mundial se estanca, los riesgos a la baja se intensifican", *Perspectivas de la economía mundial,* 24 de enero (Washington, DC: 2012). http://www.imf.org/external/spanish/pubs/ft/weo/2012/update/01/pdf/0112s.pdf

[5] O. Badiane, *Agriculture and Structural Transformation in Africa,* Stanford Symposium Series on Global Food Policy and Food Security in the 21st Century (Stanford, CA: Center on Food Security and the Environment. Stanford University, 2011); M. McMillan y D. Rodrik, *Globalization, Structural Change, and Productivity Growth,* Working Paper 17143 (Cambridge, MA: National Bureau for Economic Research, 2011).

[6] Badiane, *Agriculture and Structural Transformation in Africa.*

[7] R. Hausmann and B. Klinger, *Structural Transformation and Patterns of Comparative Advantage in the Product Space,* Faculty Research Working Paper Series (Cambridge, MA: Universidad de Harvard, Kennedy School of Government, 2006).

[8] H. Chenery, "Patterns of Industrial Growth", *American Economic Review* 50 (1960): 624–654.

[9] D. J. Teece, "Firm Capabilities and Economic Development: Implications for Newly Industrializing Economies", en L. Kim y R. Nelson, eds., *Technology Learning and Innovation: The Experience of Newly Industrializing Economies* (Cambridge, Reino Unido: Cambridge University Press, 2000).

[10] Nueva Alianza para el Desarrollo de África, *Comprehensive Africa Agriculture Development Plan,* http://www.nepad-caadp.net/.

[11] S. Lall, "Technological Change and Industrialization in the Newly Industrializing Asian Economies: Achievements and Challenges", en in L. Kim and R. Nelson, eds., *Technology Learning and Innovation: The Experience of Newly Industrializing Economies* (Cambridge, Reino Unido: Cambridge University Press, 2000); Teece, "Firm Capabilities and Economic Development".

[12] M. Dodgson, "Policies for Science, Technology, and Innovation in Asian Newly Industrializing Economies", en L. Kim y R. Nelson, eds., *Technology Learning and Innovation: The Experience of Newly Industrializing Economies* (Cambridge, Reino Unido: Cambridge University Press, 2000); J. Mathews, "High Technology Industrialization in East Asia", *Journal of Industry Studies* 3, núm. 2 (1996): 1–77.

[13] Nueva Alianza para el Desarrollo de África, *CAADP Framework for the Improvement of Rural Infrastructure and Trade-related Capacities for Market Access: Strategic Area A: Raising Competitiveness and Seizing Opportunities in Domestic, Regional, and International Markets* (Johannesburgo, 2008).

[14] T. Sonobe y K. Otsuka, *Cluster-Based Industrial Development: A Comparative Study of Asia and Africa* (Nueva York: Palgrave Macmillan, 2011).

[15] India, Comisión de Planificación, *Report of the Working Group on Nutrition for the Twelfth Five-Year Plan (2012–17)* (Nueva Delhi, 2011).

[16] Programas de las Naciones Unidas para el Desarrollo, *Informe sobre Desarrollo Humano 2011: Sostenibilidad y Equidad: Un mejor futuro para todos* (Nueva York, 2011). http://www.undp.org/content/undp/es/home/librarypage/hdr/human_developmentreport2011.html

Recuadro 16

[1] Regional Strategic Analysis and Knowledge Support System (ReSAKSS), www.resakss.org. Consulta: 16 de marzo de 2012.

[2] Ministerio de Finanzas y Planificación Económica (MINECOFIN), República de Ruanda, Leyes de presupuesto para 2006–2011, www.minecofin.gov.rw/ministry/directorates/nb. Consulta: 26 de marzo de 2012.

[3] O. Badiane, *Sustaining and Accelerating Africa's Agricultural Growth Recovery in the Context of Changing Global Food Prices,* Perspectiva de políticas alimentarias del IFPRI 9 (Washington, DC: Instituto Internacional de Investigación sobre Políticas Alimentarias, 2008).

Recuadro 17

[1] Ministerio de la Mujer y Desarrollo Infantil, Gobierno de la India, *Five Year Strategic Plan (2011–2016),* http://wcd.nic.in/MWCD_Strategic_Plan_10-02-2011.pdf. Consulta: 16 de marzo de 2012.

[2] A. Kumar, P. Kumar, Praduman y A. N. Sharma, "Rural Poverty and Agricultural Growth in India: Implications for the Twelfth Five Year Plan", *Indian Journal of Agricultural Economics* 66, núm. 3 (2011): 269–78.

[3] S. Kadiyala, P. K. Joshi, S. Mahendra Dev, T. Nanda Kumar y V. S. Vyas, *Strengthening the Role of Agriculture for a Nutrition-Secure India* (Nueva Delhi, India: Instituto Internacional de Investigación sobre Políticas Alimentarias, 2011).

CONTRIBUIDORES

Perrihan Al-Riffai es analista de investigación en la División de estrategias de desarrollo y gobernabilidad del Instituto Internacional de Investigación sobre Políticas Alimentarias, Washington, DC.

Kym Anderson es Profesor de Economía de la Cátedra George Gollin en la Universidad de Adelaide, Australia.

Suresh Babu es investigador principal en la Unidad de colaboración, impacto y fortalecimiento de la capacidad del Instituto Internacional de Investigación sobre Políticas Alimentarias, Washington, DC.

Ousmane Badiane es director para el Instituto Internacional de Investigación sobre Políticas Alimentarias en África y jefe de su Oficina para África Occidental y Central, Dakar, Senegal.

Nienke Beintema es jefa de programa de la Iniciativa Indicadores de Ciencia y Tecnología Agrícola en el Instituto Internacional de Investigación sobre Políticas Alimentarias, Roma.

Samuel Benin es investigador en la División de estrategias de desarrollo y gobernabilidad del Instituto Internacional de Investigación sobre Políticas Alimentarias, Washington, DC.

Deborah Brautigam es investigadora principal en la División de estrategias de desarrollo y gobernabilidad del Instituto Internacional de Investigación sobre Políticas Alimentarias, Washington, DC.

Clemens Breisinger es investigadora en la División de estrategias de desarrollo y gobernabilidad del Instituto Internacional de Investigación sobre Políticas Alimentarias, Washington, DC.

Joanna Brzeska es consultora del Instituto Internacional de Investigación sobre Políticas Alimentarias. Trabaja desde Luxemburgo.

Bruce Campbell es director del Programa de Investigación sobre el Cambio Climático, la Agricultura y la Seguridad Alimentaria del CGIAR, Copenhague, Dinamarca.

Rahul Chaturvedi es oficial de programa principal en la Foundation for Ecological Security, Anand, India.

Kevin Chen es investigador principal en la División de estrategias de desarrollo y gobernabilidad del Instituto Internacional de Investigación sobre Políticas Alimentarias, Beijing.

Cindy Cox es redactora técnica en la División de medio ambiente y tecnologías de producción del Instituto Internacional de Investigación sobre Políticas Alimentarias, Washington, DC.

S. Mahendra Dev es director del Instituto Indira Gandhi de Investigación para el Desarrollo, Mumbai, India.

Betina Dimaranan es investigadora en la División de mercados, comercio e instituciones del Instituto Internacional de Investigación sobre Políticas Alimentarias, Washington, DC.

Paul Dorosh es director de la División de estrategias de desarrollo y gobernabilidad del Instituto Internacional de Investigación sobre Políticas Alimentarias, Washington, DC.

Olivier Ecker es investigador postdoctoral en la División de estrategias de desarrollo y gobernabilidad del Instituto Internacional de Investigación sobre Políticas Alimentarias, Washington, DC.

Shenggen Fan es director general del Instituto Internacional de Investigación sobre Políticas Alimentarias, Washington, DC.

Heidi Fritschel es editora principal del Instituto Internacional de Investigación sobre Políticas Alimentarias, Washington, DC.

Sara Gustafson es especialista en comunicaciones en el Instituto Internacional de Investigación sobre Políticas Alimentarias, Washington, DC.

Derek Headey es investigador en la División de estrategias de desarrollo y gobernabilidad del Instituto Internacional de Investigación sobre Políticas Alimentarias, Adís Abeba, Etiopía.

Jikun Huang es director del Centro de política agrícola de China, Academia de ciencias china, Beijing

Kabba T. Joiner es asesor de política principal en Helen Keller International, Accra, Ghana.

P. K. Joshi es director para el Instituto Internacional de Investigación sobre Políticas Alimentarias en Asia Meridional, Nueva Delhi.

Suneetha Kadiyala es investigadora en la División de pobreza, salud y nutrición del Instituto Internacional de Investigación sobre Políticas Alimentarias, Nueva Delhi.

Zhenya Karelina fue asistente de investigación en la Oficina del Director General del Instituto Internacional de Investigación sobre Políticas Alimentarias, Washington, DC.

Jawoo Koo es investigador en la División de medio ambiente y tecnologías de producción del Instituto Internacional de Investigación sobre Políticas Alimentarias, Washington, DC.

David Laborde es investigador principal en la División de mercados, comercio e instituciones del Instituto Internacional de Investigación sobre Políticas Alimentarias, Washington, DC.

Rachel Licker es asistente de investigación de grado en la Universidad de Wisconsin-Madison, EE. UU.

Tsitsi Makombe es administradora de programa en la Oficina para África Occidental y Central del Instituto Internacional de Investigación sobre Políticas Alimentarias, Dakar, Senegal.

Sohail J. Malik es investigador visitante en la División de estrategias de desarrollo y gobernabilidad del Instituto Internacional de Investigación sobre Políticas Alimentarias, Washington, DC.

Paswel Marenya es investigador postdoctoral en la División de medio ambiente y tecnologías de producción del Instituto Internacional de Investigación sobre Políticas Alimentarias, Washington, DC.

Geraldo B. Martha Jr. es investigador en la Empresa Brasileña de Investigación Agropecuaria (Embrapa), Brasilia.

John McDermott es director del Programa de Investigación del CGIAR sobre Agricultura para mejorar la nutrición y la salud, liderado por el Instituto Internacional de Investigación sobre Políticas Alimentarias, Washington, DC.

Ruth Meinzen-Dick es investigadora principal en la División de medio ambiente y tecnologías de producción del Instituto Internacional de Investigación sobre Políticas Alimentarias, Washington, DC.

Siwa Msangi es investigador principal en la División de medio ambiente y tecnologías de producción del Instituto Internacional de Investigación sobre Políticas Alimentarias, Washington, DC.

Gerald C. Nelson es investigador principal en la División de medio ambiente y tecnologías de producción del Instituto Internacional de Investigación sobre Políticas Alimentarias, Washington, DC.

Alejandro Nin Pratt es investigador en la División de estrategias de desarrollo y gobernabilidad del Instituto Internacional de Investigación sobre Políticas Alimentarias, Washington, DC.

Ephraim Nkonya es investigador principal en la División de medio ambiente y tecnologías de producción del Instituto Internacional de Investigación sobre Políticas Alimentarias, Washington, DC.

Tolulope Olofinbiyi es analista de investigación en la Oficina del Director General del Instituto Internacional de Investigación sobre Políticas Alimentarias, Washington, DC.

Steven Were Omamo es director y representante ante la Unión Africana y la Comisión Económica para Asia de las Naciones Unidas en el Programa Mundial de Alimentos, Adís Abeba, Etiopía.

Robert Paarlberg es Profesor de Ciencias Políticas en la cátedra Betty F. Johnson en Wellesley College en Boston, y profesor asociado en la Universidad de Harvard, Cambridge, Massachusetts.

Amanda Palazzo es analista de investigación en la División de medio ambiente y tecnologías de producción del Instituto Internacional de Investigación sobre Políticas Alimentarias, Washington, DC.

Rajul Pandya-Lorch es jefa de la Iniciativa Visión 2020 del Instituto Internacional de Investigación sobre Políticas Alimentarias y jefa de personal de la Oficina del Director General, Washington, DC.

Amber Peterman es investigadora en la División de pobreza, salud y nutrición del Instituto Internacional de Investigación sobre Políticas Alimentarias, Kampala, Uganda.

Prabhu Pingali es director adjunto de desarrollo agrícola de la Fundación de Bill y Melinda Gates, Seattle, Washington.

Beatriz da Silveira Pinheiro es directora de la División de estudios estratégicos y fortalecimiento de capacidad de la Empresa Brasileña de Investigación Agropecuaria (Embrapa), Brasilia.

Nilam Prasai es curadora de datos en la División de comunicaciones del Instituto Internacional de Investigación sobre Políticas Alimentarias, Washington, DC.

Agnes Quisumbing es investigadora principal en la División de pobreza, salud y nutrición del Instituto Internacional de Investigación sobre Políticas Alimentarias, Washington, DC.

Ana Ramírez es analista de investigación en la Oficina del Director General del Instituto Internacional de Investigación sobre Políticas Alimentarias, Washington, DC.

Jagdeesh Rao Puppala es director ejecutivo de la Foundation for Ecological Security, Anand, India.

Claudia Ringler es directora adjunta de la División de medio ambiente y tecnologías de producción del Instituto Internacional de Investigación sobre Políticas Alimentarias, Washington, DC.

Alexander J. Stein es coordinador de investigación en la Oficina del Director General del Instituto Internacional de Investigación sobre Políticas Alimentarias, Washington, DC.

M. S. Swaminathan es presidente de la M. S. Swaminathan Research Foundation, Chennai, India, y miembro del Parlamento.

Maria Theresa Tenorio es analista de programas en la División de medio ambiente y tecnologías de producción del Instituto Internacional de Investigación sobre Políticas Alimentarias, Washington, DC.

Peter Timmer es Profesor emérito de Estudios del desarrollo de la cátedra Thomas D. Cabot en la Universidad de Harvard, Cambridge, Massachusetts.

Máximo Torero es director de la División de mercados, comercio e instituciones del Instituto Internacional de Investigación sobre Políticas Alimentarias, Washington, DC. También es el director del Instituto para América Latina.

Klaus von Grebmer es investigador principal y asesor estratégico en la Oficina del Director General del Instituto Internacional de Investigación sobre Políticas Alimentarias, Washington, DC.

Stanley Wood es investigador principal en la División de medio ambiente y tecnologías de producción del Instituto Internacional de Investigación sobre Políticas Alimentarias, Washington, DC.

Derek Yach es vicepresidente principal de política mundial de salud y agricultura de PepsiCo, Nueva York.

Sivan Yosef es administradora de proyecto en la Oficina del Director General del Instituto Internacional de Investigación sobre Políticas Alimentarias, Washington, DC.

Bingxin Yu es investigadora en la División de estrategias de desarrollo y gobernabilidad del Instituto Internacional de Investigación sobre Políticas Alimentarias, Washington, DC.

Made in United States
North Haven, CT
04 November 2026

21731251R00071